农产品产地
土壤环境监测作业指导手册

郑顺安　吴泽嬴　安　毅　秦　莉　等／著

中国环境出版集团·北京

图书在版编目（CIP）数据

农产品产地土壤环境监测作业指导手册/郑顺安等著. —北京：
中国环境出版集团，2023.8
　ISBN 978-7-5111-5567-2

　Ⅰ. ①农…　Ⅱ. ①郑…　Ⅲ. ①农产品—产地—土壤
环境—土壤监测—中国—手册　Ⅳ. ①X833-62

　中国国家版本馆 CIP 数据核字（2023）第 137957 号

出 版 人　武德凯
责任编辑　丁莞歆
封面设计　岳　帅

出版发行　中国环境出版集团
　　　　　（100062　北京市东城区广渠门内大街 16 号）
　　　　　网　　　址：http://www.cesp.com.cn
　　　　　电子邮箱：bjgl@cesp.com.cn
　　　　　联系电话：010-67112765（编辑管理部）
　　　　　　　　　　010-67147349（第四分社）
　　　　　发行热线：010-67125803，010-67113405（传真）
印　　刷　玖龙（天津）印刷有限公司
经　　销　各地新华书店
版　　次　2023 年 8 月第 1 版
印　　次　2023 年 8 月第 1 次印刷
开　　本　787×1092　1/16
印　　张　9
字　　数　200 千字
定　　价　58.00 元

中国环境出版集团郑重承诺：
中国环境出版集团合作的印刷单位、材料单位均具有中国环境标志产品认证。

本书编著组

郑顺安　吴泽嬴　安　毅　秦　莉　倪润祥

李晓华　高　戈　丁　健　杜兆林　马建忠

张爽爽　周　玮　宋　彪

前　言

　　农业生态环境是农业生产的物质基础，监测是农业生态环境保护的基础工作。开展农产品产地土壤环境监测，掌握农产品产地土壤环境状况，对准确判断我国当前农产品产地土壤环境形势、精准实施净土保卫战、不断改善农业生态环境质量、保障农产品质量安全具有重要意义。

　　国家高度重视农产品产地的环境监测工作。《中华人民共和国农产品质量安全法》第二十条明确规定，"国家建立健全农产品产地监测制度。县级以上地方人民政府农业农村主管部门应当会同同级生态环境、自然资源等部门制定农产品产地监测计划，加强农产品产地安全调查、监测和评价工作。"《中共中央　国务院关于深入打好污染防治攻坚战的意见》指出，要建立健全基于现代感知技术和大数据技术的生态环境监测网络，优化监测站网布局，实现环境质量、生态质量、污染源监测全覆盖。《"十四五"土壤、地下水和农村生态环境保护规划》要求，完善土壤环境监测网，优化调整土壤环境监测点位，强化农产品产地土壤和农产品协同监测。《"十四五"全国农业绿色发展规划》要求，开展国家农业农村绿色发展监测预警，优化监测点位布局，建立健全农业农村绿色发展全过程监测预警体系。《"十四五"生态环境监测规划》提出，要建立完善现代化生态环境监测体系，强化"监测先行、监测灵敏、监测准确"，以更高标准保证监测数据"真、准、全、快、新"。

　　2018年，农业农村部、生态环境部联合印发《国家土壤环境监测网农产品产地土壤环境监测工作方案（试行）》，提出要整合优化相关行业土壤环境监测点，统一规范、统一标准，构建国家土壤环境监测网，开展农产品产地环境监测工作。为进一步规范监测流程、加强质量控制，由农业农村部农业生态与资源保护总站牵头，会同相关监测单位制定了国家土壤环境监测网农产品产地土壤和农产品的采集、流转、制备、保存、检测等一系列技术规定。经过三年多的实践，相关技术规定不断完善，形成了相应的标准作业程序（Standard Operating Procedure，SOP），为推进国家土壤环境监测工作提供了强有力的技术支撑。

国家土壤环境监测网农产品产地土壤环境监测工作按照"采样制备—分析测试—质控审核—成果集成"的流程开展，将采样工作流程与质量控制有机结合，以确保监测的科学性、规范性和实用性。监测点位类型分为普通循环监测点、耕地地力监测点、农药监测点3类。其中，普通循环监测点开展土壤重金属、基本理化性质及农产品质量监测，涉及17项监测指标；耕地地力监测点涉及34项监测指标，在普通循环监测点监测指标的基础上增测了17项耕地地力指标；农药监测点在耕地地力监测点的基础上，分不同作物再增测7～15项土壤和农产品农药指标。

本手册基于国家土壤环境监测网农产品产地土壤环境监测系列技术规定编写而成，按照监测工作流程共分为3章：第1章为土壤和农产品样品采集，第2章为土壤和农产品样品制备，第3章为土壤和农产品样品检测，可供相关从业单位和人员在监测工作中参考使用。

本手册在编写过程中得到了多位专家的帮助和支持，分别是浙江大学徐建明教授、广东省科学院生态环境与土壤研究所李芳柏研究员、中国科学院地理科学与资源研究所廖晓勇研究员、中国科学院亚热带农业生态研究所黄道友研究员、中国农业科学院农业资源与农业区划研究所汪洪研究员、浙江农林大学赵科理教授、中国农业科学院作物科学研究所付金东研究员、农业农村部环境保护科研监测所刘潇威研究员、中国水稻研究所陈铭学研究员、沈阳农业大学梁成华教授、中国农业科学院农产品加工研究所李熠研究员、中国热带农业科学院农产品加工研究所叶剑芝研究员、贵州大学高珍冉教授、西藏农牧学院谢永春教授、新疆维吾尔自治区分析测试研究院赵林同研究员、黑龙江省地质矿产实验测试研究中心李亚主任、四川省地质矿产勘查开发局成都综合岩矿测试中心李强主任、山东省产品质量检验研究院裴祎荣院长、河南农业大学刘红恩教授、西北农林科技大学代允超副教授，在此一并表示感谢！

由于专业技术水平和时间有限，书中难免存在疏漏与不当之处，有待今后进一步研究完善，敬请读者和同行批评指正并提出宝贵建议，以便我们及时修订。

本书编著组

2022 年 10 月 20 日

目 录

第 1 章

土壤和农产品样品采集

1.1 目的和适用范围

本章明确了农产品产地土壤环境监测中土壤和农产品样品采集环节采样关键操作的技术方法和要求，适用于农产品产地环境监测中土壤和农产品样品采集环节的采样工作。样品采集环节任务分配范围如图 1-1 所示。

1.2 工作流程

样品采集工作流程如图 1-2 所示。

1.3 操作步骤

1.3.1 采样计划

1. 采样任务接收

由于农产品样品采集具有较强的时节性，错过农时可能将难以采集到合适的样品，采样单位应及时明确采样任务（附表 1-1），核实无误后确认采样任务清单。

2. 基础资料收集

采样单位根据采样任务，系统收集任务区域基础资料及区域内农时情况，包括但不限于以下内容：

● 地形、地貌、土壤类型、土地利用方式、气象、水文、地质及交通运输等资料；

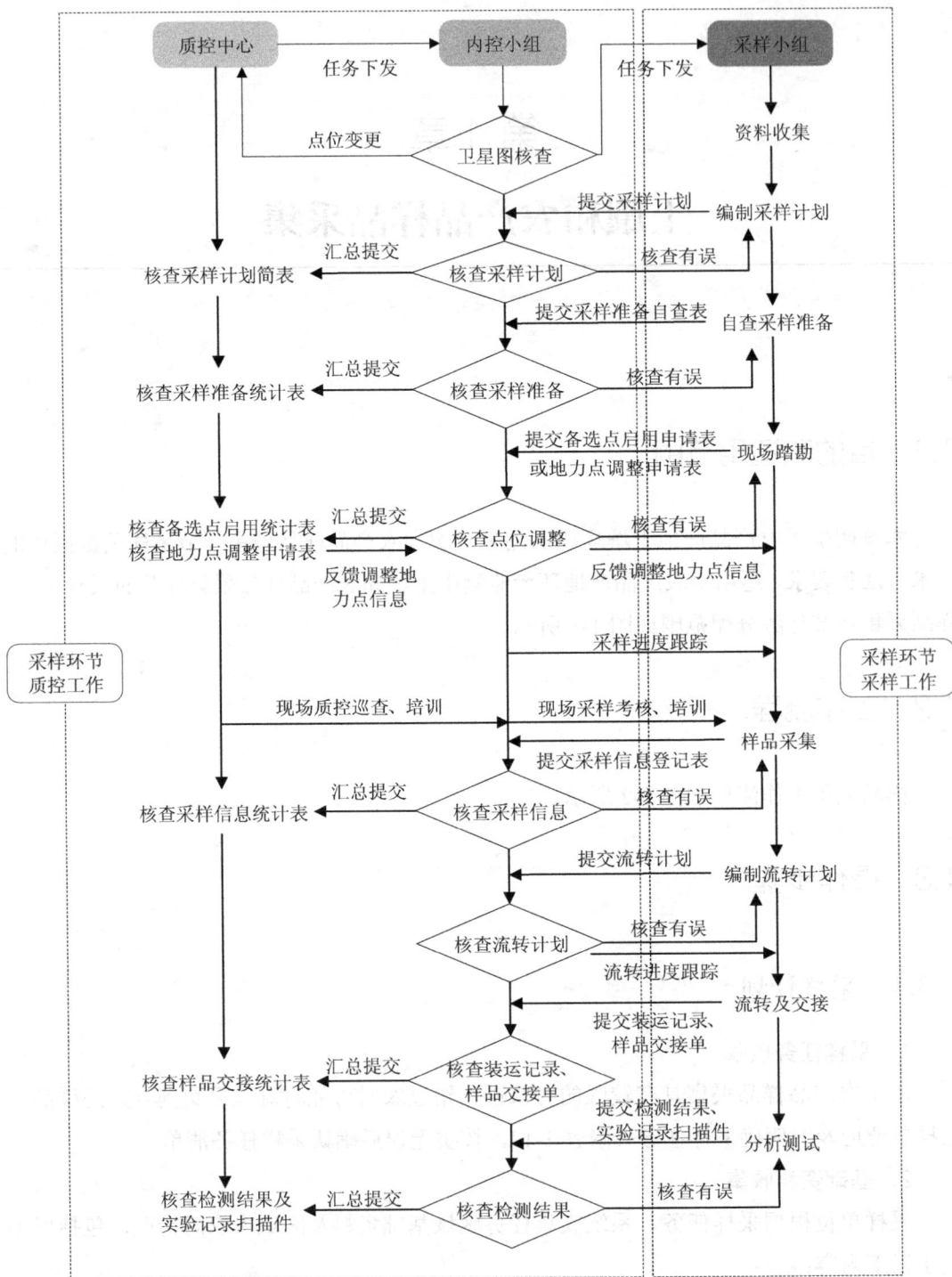

图 1-1　样品采集环节任务分配范围

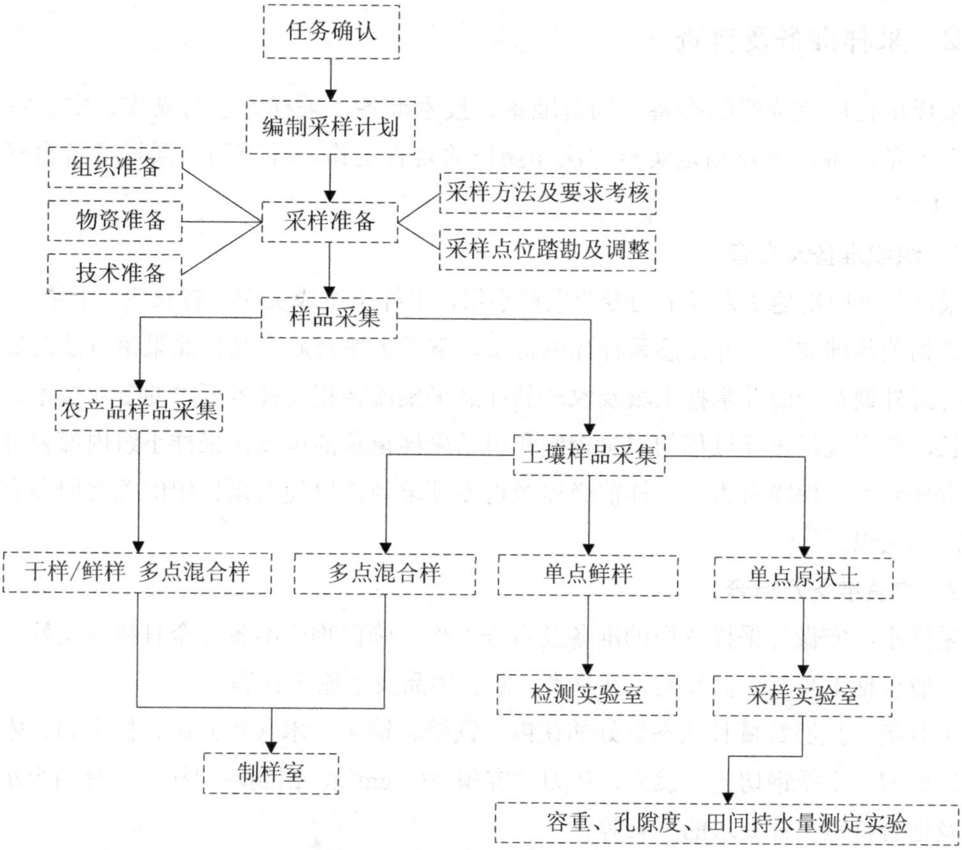
任务确认
编制采样计划
组织准备
物资准备
技术准备
采样准备
采样方法及要求考核
采样点位踏勘及调整
样品采集
农产品样品采集
土壤样品采集
干样/鲜样 多点混合样
多点混合样
单点鲜样
单点原状土
检测实验室
采样实验室
制样室
容重、孔隙度、田间持水量测定实验

图 1-2　样品采集工作流程

● 农作物种类、布局、代表面积、产量、耕作制度、农时等，种植农作物所使用的常规农药、肥料、灌溉水等生产资料情况；

● 区域内主要污染源种类及分布、主要污染物种类及排放途径和排放量、大气环境质量、水体环境质量等相关信息；

● 采样点位及周边地区的基本情况，如区域位置、行政区划、田块所属等。

3．采样计划编制

采样单位应根据采样任务和所收集的基础资料制订详细、合理的“采样计划”（附表 1-2），内容应包括任务部署、人员分工、时间节点、采样准备、样品交接、质量监督检查和注意事项等。考虑到农产品样品成熟期集中、机械化收割持续时间短等特性，农产品样品采集计划应详细到点位及具体采样、运输和交接人员，且应根据农产品适宜采集期来确定采样时间。

1.3.2　采样准备及自查

采样单位应完成组织准备、物资准备、技术准备、采样方法与操作、实验室和实验仪器设备准备，以及测定实验方法和操作的自查工作，并填写"采样准备自查表"（附表 1-3）。

1. 组织准备及自查

采样单位应组建 2 人以上的专业采样小组，采样小组成员应具有农业、土壤、环境、地理等相关基础知识，并熟悉采样环境背景，掌握土壤及农产品样品采集方法及操作。由具有野外调查经验并掌握土壤及农产品样品采集流转相关技术要求的专业技术人员担任组长，负责现场采样过程的质量控制和现场采样记录的审核。采样小组内部要分工明确、责任到人、保障有力。采样前必须经过专项培训，以便对采样中的关键问题有统一的标准和认识。

2. 物资准备及自查

采样小组应做好采样物资的准备及自查工作，确保物资准备齐全且状态良好。采样物资一般包括工具类、器具类、文具类、防护用品及运输工具等。

工具类：足够数量且状态良好的铁锹、铁铲、镐头、木（竹）铲、修土刀、木槌、不锈钢剪刀、不锈钢切刀、镰刀、环刀（容积 100 cm³）、钢制环刀托（上有两个小排气孔）及适合特殊采样要求的工具等。

器具类：足够数量且状态良好的北斗卫星导航系统（BDS）或全球定位系统（GPS）、手持终端、数码照相机、便携式蓝牙打印机、不干胶样品标签打印纸、卷尺、便携式手提秤、样品袋（布袋、塑料袋、尼龙网袋等）、棕色密封样品瓶及其防碰撞包装用品、有盖铝盒等。

文具类：足够数量的样品标签（人工填写）、点位编号列表、采样现场记录表、铅笔、签字笔、资料夹、透明胶带等。

防护用品：足够数量的工作服、工作鞋、安全帽、手套、雨具、常用药品（防蚊蛇咬伤）、口罩等。

运输工具：每个采样小组应至少配备一台采样用车及一定数量的运输箱。依据农产品样品的物理性状，按照相关规范合理选用临时储存和运输方式，如车载冷藏箱等。

3. 技术准备及自查

采样小组应做好相关技术准备及自查工作，包括掌握 BDS 或 GPS、采样手持终端及便携式蓝牙打印机的操作使用、校准和调试等；自查定位设备精度及地理坐标系统等，包括 BDS 或 GPS 坐标系统是否设置为 China Geodetic Coordinate System 2000（CGCS 2000）、定位精度是否设置为米（m）、经纬度格式是否设置为度（°）且保留 6 位小数。

4．实验准备及自查

实验条件：实验室应当具备实验所需条件，包括但不限于以下内容：天平（感量为 0.1 g、0.01 g、0.001 g 和 0.000 1 g）、铝盒、标准筛（孔径为 1 mm、2 mm）、电热恒温干燥箱、干燥器及比重瓶（50 mL）、温度计（±0.1℃）、烧杯（25 mL）等，以保障容重、孔隙度、田间持水量测定实验顺利开展。相关仪器设备、器皿应当通过检定，且在检定有效期内。

容重、孔隙度、田间持水量测定演练：实验室人员应熟练掌握容重、孔隙度、田间持水量的测定实验方法及结果计算方法，提前演练，报告留档备查，确保容重、孔隙度、田间持水量实验操作准确无误。

1.3.3　现场踏勘

采样小组需清楚掌握点位适宜性判断和点位调整的基本原则。严格来说，应单独成立踏勘小组，在采样前进行点位踏勘核实，确认无误后再开展样品采集等工作。采样小组应在手持终端的踏勘页面对每个已完成踏勘的点位进行确认。经踏勘，发现计划点位存在以下 4 种情况时，可将计划点位自行就近调整至适宜采样区，原则上点位调整的位移距离一般不超过 200 m：

- 计划点位所在地块变更为非耕地；
- 计划点位所在地块处于常年休耕状态；
- 计划点位所在地块种植作物与任务信息不一致；
- 计划点位 50 m 范围内有新建的公路、工厂等明显污染源。

若 200 m 范围内没有合适的采样点，采样小组须通过手持终端确认"无法采样"，并提交无法采样的证明材料，如该样点位耕地现状照片，照片中应能清楚反映出点位所在地块为耕地或非耕地、是否已常年休耕、采样点位种植作物类型、50 m 范围内的明显污染源等。

若该无法采样的点位为普通循环监测点，则应同时从手持终端中选取备选点位，再次进行点位踏勘核实，并于踏勘当天将点位调整信息（附表 1-4）报内控小组进行审核，按照内控小组反馈的要求启用备选点或进一步补充现场影像证据或重新采样；若为耕地地力监测点或农药监测点，则应及时上报内控小组（附表 1-5），待反馈调整后的点位后再次进行踏勘。

手持终端中备选点位的选取原则如下：从计划点位所在行政村内的备选点位中选择种植作物与任务相同的点位；若整个行政村范围内无合适的采样点位，则备选点位的选取范围依次放大至乡镇、县市区，且点位种植作物应与任务相同或为对重金属较为敏感的作物。

1.3.4　现场样品采集

1．如期启动采样工作

采样小组须根据计划采样时间如期启动采样工作。若不能按照原计划进行样品采集工作，则需及时提交样品采集工作推迟说明，说明中需明确推迟采样的原因和计划采样的时间等。

2．确认采样点位置

各采样小组须使用手持终端中内置的地图导航功能确认采样点位置，实际采样点位不得超过计划点位所在地块边界范围。采样人员须如实录入该点位的实际采样时间、经纬度信息及海拔高度数据等，并拍照留存定位设备屏显照片，以完成采样点位的位置确认。应注意经纬度填写格式［东经，北纬，单位为度（°），保留 6 位小数，经纬度不要填反］和海拔高度数据格式［有"+"或"-"，单位为米（m），保留 1 位小数］。

3．采样时间适宜判断

采样小组在进行采样之前应进行采样时间适宜判断。受农产品实际成熟期限制，可在坚持土壤样品和农产品样品同点采集原则下分步采集。采样时间应避开大风、雨中、雨后，且应避免在肥料、农药施用时进行样品采集。

农产品样品采集应于农产品收获期进行，当采样地点种植多种农产品时，应在监测点位所在地块常年主栽且相对敏感的农产品成熟时安排样品采集；对于实际生产中在生育前期或中期采收的农产品（如小白菜、小青菜等叶菜类农产品），应在其采收上市前完成样品采集工作。

玉米籽粒生理成熟的主要标志有两个：一是籽粒基部黑色层形成，生产常将其作为适期收获的重要参考指标；二是籽粒乳线消失，可以作为玉米适期收获的主要标志。小麦收获期主要是依据小麦籽粒的成熟程度决定的，应观察麦粒是否呈深浅不同的橘黄色，用手指甲掐有轻微的印痕；观察麦株叶尖、叶片、叶鞘变黄，然后茎秆从下向上变黄，只有顶部一小部分呈绿色；站在远处观察，麦株上下皆黄，中间会出现一条绿带。水稻达到生理成熟的标准是籽粒内干物重达到最大，也就是完熟期，从外观上看，当每穗谷粒颖壳 95% 以上变黄或 95% 以上谷粒小穗轴及副护颖变黄时，米粒水分减少，籽粒变硬，呈透明状，不易破碎，这时是水稻收获的最佳时期。果蔬成熟时绿色减退，底色、面色逐渐显现，即证明采收成熟；块茎、鳞茎等蔬菜，如洋葱、大蒜、马铃薯、芋头、姜等成熟时，地上部分会枯萎，此时采收最好。

4．作物生长异常判断

采样小组在进行采样之前应进行作物生长异常判断。采集的农产品应正常生长，若采样点位所在地块的农作物生长异常，则无须采集该点位的农产品样品，并应拍照上传以证明作物生长异常情况。生长异常包括由虫害导致的、由机械损伤导致的、由生理性病害和侵染性病害导致的各类生长异常。

5. 样品采集操作、样品量、包装、标签、编码

采样小组应首先确认点位类型（普通循环监测点、耕地地力监测点、农药监测点）和农作物类型（小麦、水稻、玉米、蔬菜、水果、茶叶等）信息，明晰该点位类型及作物类型的采样规范及样品量、包装等要求，严格按照规定的采样操作方法及要求进行土壤和农产品的样品采集。

采样小组需在手持终端上现场录入、保存、上传样品采集信息，包括土壤及农产品样品信息、实际采样点位信息、采样现场照片等，需使用手提秤给样品称重，并录入手持终端，单位为克（g），整数填报即可。还应获取采样点周边是否有新增污染源、当季农业生产状况、是否有自然灾害及病虫害等基本信息。

建议采用蓝牙打印机现场打印样品标签。若采样手持终端无法正常使用，则采样人员需用 BDS 或 GPS 精确定位，记录采样点经纬度，填写纸质现场记录表和样品标签，并拍摄采样现场数码相片，返回驻地后以点位编号为文件夹名整理采样记录表（扫描成 PDF 文件）和现场照片，及时录入信息管理系统。

产地环境监测点位编码实行统一管理，土壤样品编码为点位编码后增加 1 位字母"T"，用短横线"-"连接；农产品样品编码为点位编码后增加 1 位农产品类别代码，用短横线"-"连接，农产品类别代码为水稻（A）、小麦（B）、玉米（C）、根茎类（D）、叶菜类（E）、茄果类（F）、豆类（G）、大豆（H）、油料（I）、糖类（J）、茶叶（K）、水果（L）、其他作物（M）。

不得使用可能对样品造成污染的工具采样。每完成一个点位采样工作后，必须及时清洗采样工具，避免交叉污染，条件允许时建议用自来水清洗采样工具。

（1）土壤样品采集

①普通循环监测点土壤样品采集

普通循环监测点需采集多点混合土壤样品 1 份，其样品量为 1.5～2.0 kg，若土壤中砂石、草根等杂质较多或含水量较高时，则可视情况适当增加采样量。

分样点设置：以计划点经纬度所在位置为中心点，计划点不在田块中间位置时，可适当调整。中心点确定后，以其为中心划定采样区域，采样面积为 25 m×25 m（若地形地貌及土壤利用方式复杂可适当扩大至 100 m×100 m），以对角线法、梅花点法、棋盘法或蛇形法布设分样点（图 1-3），各分样点应尽可能布设在同一农户的同一田块中，且应避开田埂、地头、堆肥处、陡坡地、低洼积水地、住宅、道路、沟渠、粪坑等，有垄的农田应布设在垄上。采样小组应根据采样地块的具体情况选择合适的分样点布设方法：对角线法适用于污水灌溉或类似的地块，由地块进水口向出水口引一条对角线，至少五等分，以等分点为分样点，分样点数量不得少于 5 个；梅花点法适用于面积较小、地势平坦、土壤不均匀的地块，分样点数量不得少于 6 个；棋盘法适宜中等面积、地势平坦、土壤物质和受污染程度均匀的地块，分样点数量不得少于 9 个；蛇形法适宜面积较大、土壤不够均匀且地势不平坦的地块，多用于农业污染型土壤，分样点数量不得少于 15 个。

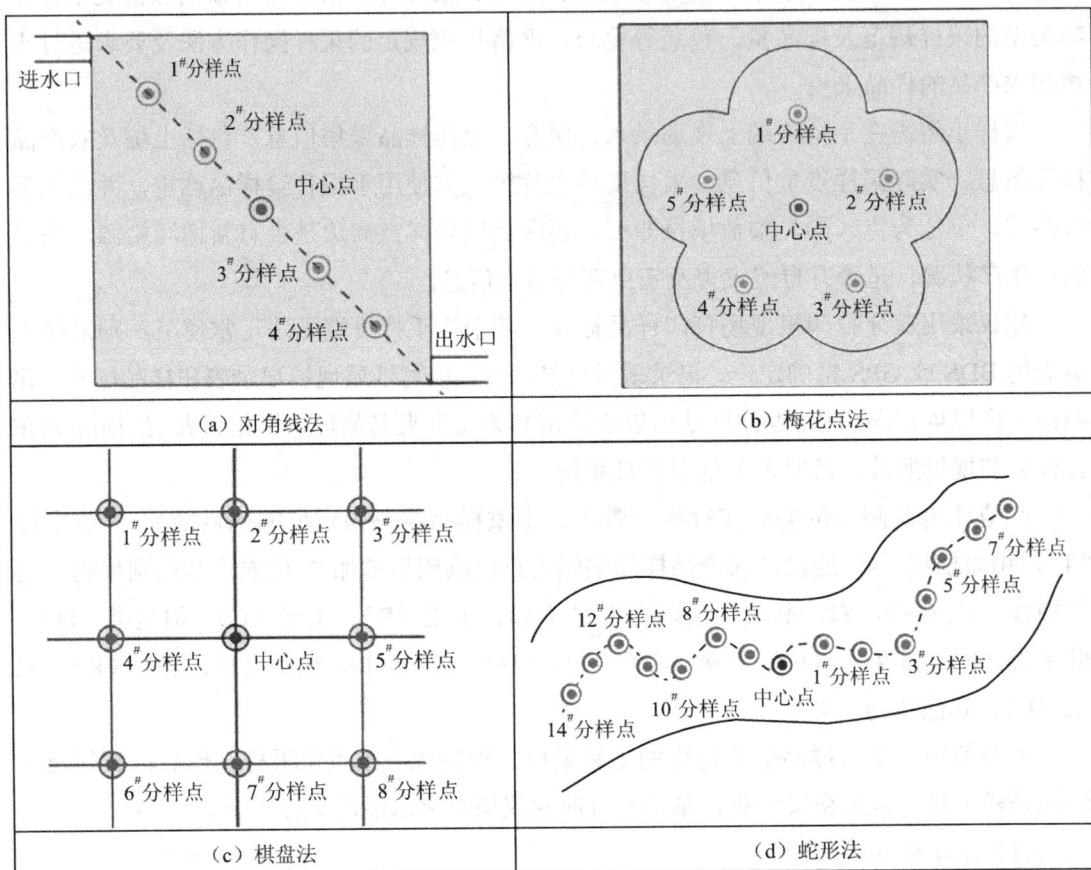

图 1-3　分样点布设方法

垂直柱状法采样：首先，清除某个采样点土壤表面的植物残骸和石块等，有植物生长的点位应除去土壤中的植物根系；其次，采用垂直柱状法用铁铲垂直切割一个大于取土量的一定深度的土柱（种植一般农作物为 20 cm，种植果林类农作物为 60 cm），注意不要斜向挖土，尽可能做到采样量上下一致；最后，用木（竹）铲去掉铁锹接触面的土壤，用木（竹）铲取土壤样品装袋。

分样点采样：采用同样方法在各分样点等量采集土壤样品，每个点位的采样量应基本保持一致，各分样点样品采集完成后于现场混合成样。

四分法缩分：现场采集的土壤混合样重量大于需求量时，应采用四分法进行现场样品缩分，其操作方法是，将样品反复混合均匀后摊平成厚度均匀的扁平圆形，过圆心画十字线，四等分样品，取对角线两等分，如此继续缩分至所需数量为止（图 1-4）。当采集水稻土或湖沼土等烂泥土样时，四分法难以应用，可将所有样品放入塑料盆中，用塑料棍将各样点的烂泥搅拌均匀后再取出所需数量的样品。

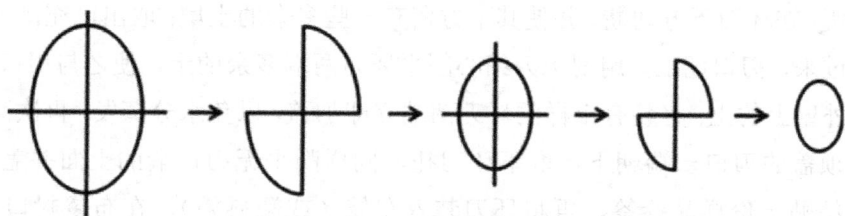

图 1-4　四分法操作图示

包装标签要求：所有样品均应按照"双袋、双标签"进行现场分装。采集的土壤样品应先装入塑料袋，在塑料袋外粘贴一份样品标签（或在袋口系一份样品标签），再将装有土壤样品的塑料袋装入布袋（或塑料袋），在布袋封口处系上另一份标签（或在塑料袋外粘贴另一份样品标签）。当样品含水量较大时，应先将样品标签放入塑料自封袋中密封，然后装入样品袋或系在样品袋口，以防样品标签被浸泡。

②耕地地力监测点土壤样品采集

耕地地力监测点需采集多点混合土壤样品 1 份，样品量为 2.5～3.0 kg，若土壤中砂石、草根等杂质较多或含水量较高时，则可视情况适当增加采样量，其采样操作方法同普通循环监测点。另外，还需用环刀法（图 1-5）单点采集土壤原土样不少于 2 份（建议采集 4 环刀，其中 2 环刀作为样品测试过程中的备用样），单点采集土壤混合样 1 份，其样品量为 20 g。

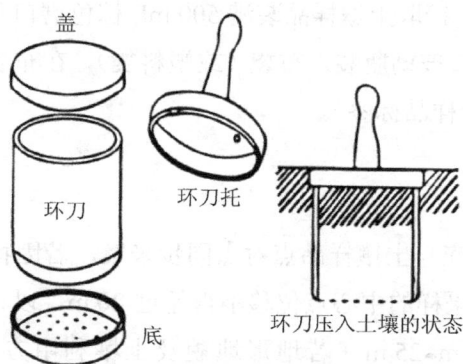

盖

环刀

环刀托

底

环刀压入土壤的状态

图 1-5　环刀法图示

　　具体操作过程：采样时，应先整理采样点田块表面，去除石块和植物残骸等杂物，用修土刀修平表层土壤；将环刀托套在已知重量和容积的环刀上无刃的一端，环刀内壁均匀地涂上一层薄薄的凡士林，将环刀刃口向下用力均衡地垂直压入土中，如土壤较硬，环刀不易插入土中，则可用土锤轻轻敲打环刀托把，直至环刀筒中充满土样为止，当土面即将触及环刀托的顶部（可由环刀托盖上的小孔窥见）时停止下压；用铁铲切开环刀周围的土壤，在环刀下方切断，并使其下方留有一些多余的土壤；取出已充满土的环刀，将其翻转过来，刃口朝上，用削土刀细心削平环刀两端多余的土，使之与刃口齐平，并擦净环刀外壁上的土；将装有土样的环刀两端立即加盖，以免水分蒸发，再次翻转环刀，使已盖上顶盖的刃口一端朝下，取下环刀托，同样削平无刃口端的土面并盖好底盖；在环刀外粘贴一份样品标签，再将环刀装入布袋（或塑料袋），在布袋封口处系上另一份标签（或在塑料袋外粘贴另一份样品标签）；迅速将其装入木箱带回采样单位，若因采样点距离实验室太远或其他原因无法及时送达，则应采取防止样品水分流失的措施。

　　与此同时，在取样点附近另取土壤混合样 20 g，装入有盖铝盒，并在铝盒外粘贴一份样品标签，再将有盖铝盒装入布袋（或塑料袋），在布袋封口处系上另一份标签（或在塑料袋外粘贴另一份样品标签），用于测定土壤自然含水量。

　　③农药监测点土壤样品采集

　　农药监测点需采集多点混合土壤样品 1 份，样品量为 2.5～3.0 kg，环刀法单点采集土壤原土样不少于 2 份（建议采集 4 环刀，其中 2 环刀作为样品测试过程中的备用样），单点采集土壤混合样 1 份，样品量为 20 g，其采样操作方法同耕地地力监测点。另外，还需单点采集土壤鲜样 1 份，其样品量为 500 mL。

　　具体操作过程：采样时应先清除采样点土壤表面的植物残骸和石块等，采用垂直柱状法用铁铲垂直切割一个大于取土量的土柱（种植一般农作物为 20 cm，种植果林类农作物为 60 cm），注意不要斜向挖土，尽可能做到采样量上下一致，用木（竹）铲去掉铁铲接触面的土壤，用木（竹）铲取土壤样品装满 500 mL 棕色磨口玻璃瓶，并在瓶外粘贴一份样品标签，再将棕色磨口玻璃瓶装入布袋（或塑料袋），在布袋封口处系上另一份标签（或在塑料袋外粘贴另一份样品标签）。

　　（2）农产品样品采集

　　①分样点设置

　　原则上，农产品样品应与土壤样品点对点同步采集，若因特殊原因无法同步采集，则农产品样品与土壤样品采样的中心点位移不得超过 20 m。以计划点经纬度所在位置为中心点，采样面积为 25 m×25 m（若地形地貌及土壤利用方式复杂，可适当扩大至 100 m×100 m），以对角线法、梅花点法、棋盘法或蛇形法布设分样点；各分样点应尽可能布设在同一农户的同一田块中，且应避开田埂、地头、堆肥处、陡坡地、低洼积水地、住宅、道路、沟渠、粪坑等；设置蔬菜（水果）样品采集点时，所在田块应为同一种蔬菜（水果），且连片分布。

②采样方法

农产品样品应采集混合样品，各分样点等量采样、混合均匀成样。农产品样品仅采集可食用部位，且各分样点采集的农产品样品应保证个体大小基本均等，成熟度与整个地块农作物保持一致，如部分品种玉米第一穗生长状况明显略于其他穗，此时应选择常规生长状况的玉米进行采集。

水稻、小麦类：取稻穗、麦穗，多株混合成样。

玉米：取第一穗，即离地表近的一穗，多株混合成样。

蔬菜：取可食用部分，样品单个个体重量≥500 g 时，设置 3 个以上分样点；样品单个个体重量＜500 g 时，分样点数量不得少于 5 个。

叶菜类：小型植株，去根整株采集；大型植株，用辐射切割法采样，即从每株表层叶至叶心切成 4～8 瓣，取对角两瓣作为该植株的分样，若辐射切割后影响分装和运输的便捷性，则建议整个采集。

根茎类：小型根茎，整个采集；大型根茎，用辐射切割法采样，若辐射切割后影响分装和运输的便捷性，则建议整个采集。

茄果类和豆类：在植株上、中、下各部位均匀采摘，混合成样。

瓜类：小型瓜类，整个采集；大型瓜类，用辐射切割法采样，若辐射切割后影响分装和运输的便捷性，则建议整个采集。

烟草、茶叶类：随机选择 15～20 个植株，上、中、下多部位混合成样，不可单取老叶或新叶作代表样。

果树类：选 5～10 株果树，每株纵向四分，从其中一份上、下、中、内、外各侧均匀采摘，混合成样。

牧草、青储饲料：采集地上部所有植株，多点混合成样。

棉花：不采集农产品样品。

③采样量确定

各分样点的采样量应保持一致。采集的农产品样品若为干样，则采样量应为 1.5～2.0 kg（以糙米、玉米粒和麦粒干重计）；若为鲜样，则一般不应少于 3.0 kg。蔬菜、水果等样品的最低采样量见表 1-1。

表 1-1　蔬菜、水果等样品最低采样量

产品名称	采样量
小型水果、核桃、榛子、扁桃、板栗、毛豆、豌豆等	1 kg
樱桃、黑樱桃、李子	2 kg
杏、香蕉、木瓜、柑橘类水果、桃、苹果、梨、葡萄、鳄梨、大蒜、茄子、甜菜、黄瓜、结球甘蓝、卷心菜、块根类蔬菜、洋葱、甜椒、萝卜、番茄	3 kg
南瓜、西瓜、甜瓜、菠萝	5 个个体
大白菜、花椰菜、莴苣、红甘蓝	3～5 个个体
甜玉米	10 个

④包装标签要求

将采集的农产品样品先装入布袋（或尼龙网兜），在布袋封口处粘贴或系上一份样品标签；再将装有农产品样品的布袋放入塑料袋或编织袋内，在袋外粘贴或系上一份样品标签。对个体较小、易撒漏的样品（豆类），应采用防漏措施；对易碎样品（番茄等），应采取防挤压措施。蔬菜样品标签应采取防水、防浸泡措施，将标签装入塑料自封袋，再放入样品袋。

（3）平行点位样品采集

采样小组需按 5%的比例在同一地块内采集平行点位样品，并予以标识。

6. 采样信息自查

完成样品采集、离开采样现场前，采样小组组长在采样现场对土壤及农产品样品、样品量、样品包装、样品标签样品编码及采样记录进行自查。若发现样品量不足、样品包装破损、采样信息缺项或错误等问题，应及时采取补救或更正措施。自查无误后，立即提交"采样信息收集表"（附表 1-6）。

1.3.5　样品流转及交接

1. 编制样品流转计划

采样小组应根据采样时间、采样地点、采集样品类型及交接单位等对样品流转进行统筹规划，依据采样计划制订并提交合理、详细的"样品流转计划"（附表 1-7）。样品流转计划应包括样品批次和每批次样品份数、类型，样品的装运需求及所需物资，样品流转方式、路线及拟流转时间，以及样品交接的时间、地点及人员等，并指定样品装运核查负责人。

2. 样品装运及流转

采样小组应指定装运流转前的核对负责人，在样品装运现场利用手持终端对样品及样品信息逐一核对，重点核查样品标签、样品质量、样品数量、样品包装、样品装运条件、样品目的地、样品应送达时限等，如有缺项、漏项和错误，在及时补齐、修正后方可装运。在该批次样品全部核查无误后，装运核查负责人应在手持终端中进行电子签名，以确认该批样品的装运信息（附表 1-8）。

将核查无误的样品装车完毕后在系统中录入该样品的实际流转开始时间，以确保样品依照样品流转计划如期发出。若不能按时进行样品流转，则需及时提交样品推迟流转说明，说明中需明确推迟流转的原因和计划流转时间等。

样品流转运输必须保证样品安全、及时送达。样品运输过程中应使用样品箱，并严防变质、破损、混淆或沾污。采集完成的多点土壤混合样流转至制样单位的时间不应超过 4 天；采集完成的水稻、小麦、玉米等农产品样品流转至制样单位的时间不应超过 4 天；采集完成的蔬菜、水果等农产品样品流转至制样单位的时间不应超过 2 天，且建议采用冷链运输；采集完成的用于农药残留检测的土壤鲜样原则上应在采样当天寄出（最长不应超过 48 小时），且需用冷链方式（<4℃，避光）运输，流转至检测机构的时间不得超过 7 天。

3. 样品交接

各采样小组应安排专人负责样品交接工作，该样品交接负责人应清楚样品交接要求及交接核查内容。

样品交接时，双方交接负责人可自行协商确定交接形式，通过现场交接或视频交接等方式均可，送样人和收样人均需清点核实样品，并逐个检查全部样品，利用手持终端扫码确认、记录样品交接信息，打印"样品交接单"（附表 1-9），双方签字并各自留存一份。具体交接核查内容包括但不限于以下几个方面：

- 样品量是否符合要求；
- 样品包装是否完好无损，样品有无被污损；
- 样品标签是否清晰可辨；
- 样品流转的时间跨度是否符合要求；
- 农产品样品是否发生腐烂霉变或生虫。

对于被制样单位退回的不合格样品，采样小组应于 3 天内重新提供样品。

1.3.6　容重、孔隙度及田间持水量分析测试

采样小组实验室人员应严格按照《土壤检测　第 4 部分：土壤容重的测定》（NY/T 1121.4—2006）和《土壤检测　第 22 部分：土壤田间持水量的测定—环刀法》（NY/T 1121.22—2010）方法进行容重、孔隙度及田间持水量的测定，做好实验记录，并按《数值修约规则与极限数值的表示和判定》（GB/T 8170—2008）的规定对分析测试结果进行数值修约。按时提交容重、孔隙度及田间持水量分析测试结果，并同步提交实验记录（含平行测定结果）扫描件（附表 1-10）。

1. 容重、孔隙度分析测试

（1）编制依据

本方法依据《土壤检测　第4部分：土壤容重的测定》编制。

（2）适用范围

本方法除坚硬和易碎的土壤外，适用于各类土壤容重的测定。

（3）方法原理

利用一定容积的环刀切割自然状态的土样，使土样充满其中，称量后计算单位体积的烘干土样质量，即容重。土壤孔隙度是根据测得的土粒密度、容重经过计算求得的。土粒密度是用比重瓶测得的，即将已知重量的土样放入有水的比重瓶内，排除空气，定容，求出由土壤代换出水的体积，再以烘干土重除以体积，求得土粒密度。

（4）仪器和设备

环刀（容积为100 cm^3）、钢制环刀托（上有两个小排气孔）、削土刀（刀口要平直）、小铁铲、木槌、天平（感量为0.001 g、0.1 g和0.1 g）、电热恒温干燥箱、干燥器、比重瓶（50 mL）、温度计（±0.1℃）、烧杯（25 mL）。

（5）分析步骤及结果计算

采样前，取空铝盒编号后放入105℃恒温干燥箱中烘干2小时，移入干燥器冷却20分钟，于天平称量，精确至0.01 g（m_0）；采样后，取土样约10 g平铺于铝盒中，称量，精确至0.01 g（m_1）；将盒盖倾斜放在铝盒上，置于已预热至（105±2）℃的恒温干燥箱中烘干6～8小时（一般样品烘干6小时，含水较多、质地黏重的样品需烘干8小时），取出，将盒盖盖严，移入干燥器中冷却20～30分钟，称量，精确至0.01 g（m_2），计算土壤含水量（W），公式如下：

$$W = \frac{m_1 - m_2}{m_2 - m_0} \times 1\ 000 \tag{1-1}$$

式中：W——土壤含水量，g/kg；

　　　m_0——烘干空铝盒质量，g；

　　　m_1——烘干前铝盒加土样质量，g；

　　　m_2——烘干后铝盒加土样质量，g。

采样前，称稍涂凡士林的环刀质量（m_1），精确至0.1 g；采样后，应尽快用天平称取环刀及湿土质量（m_2）；计算土壤容重，公式如下：

$$r_s = \frac{(m_2 - m_1) \times 1\ 000}{V \times (1\ 000 + W)} \tag{1-2}$$

式中：r_s——土壤容重，g/cm^3；

　　　m_2——环刀及湿土质量，g；

m_1 —— 环刀质量，g；

V —— 环刀容积，cm^3；

W —— 土壤含水量，g/kg。

称取通过 1 mm（20 目）筛孔的风干土样约 10 g，精确到 0.001 g，将其装入容积为 50 mL 的比重瓶中；向比重瓶内加蒸馏水，约至比重瓶容积的一半处，徐徐摇动，使土样充分湿润，与水混合均匀；将比重瓶放在沙浴上加热煮沸，并保持 1 小时，在煮沸过程中要经常摇动比重瓶，以驱逐土壤中的空气，使土样和水分充分混合均匀；从沙浴上取下比重瓶，冷却，再加入预先煮沸过的蒸馏水至略低于瓶颈为止，静止澄清；冷却澄清后，在比重瓶内继续外加蒸馏水至瓶颈，塞好瓶塞，使多余的水从颈孔溢出，用滤纸擦干水分；称重，要精确到 0.001 g，同时要用温度计测瓶内水温，应准确到 0.1℃；计算土粒密度，公式如下：

$$d_s = g \times d_w / (g + g_1 - g_2) \tag{1-3}$$

式中：d_s —— 土粒密度，g/cm^3；

g —— 烘干土重，g；

g_1 —— t℃时比重瓶+水重，g；

g_2 —— t℃时比重瓶+水重+土样重，g；

d_w —— t℃时蒸馏水密度，g/cm^3。

土壤孔隙度是根据测得的土粒密度、容重经过计算求得的，公式如下：

$$P_s = (1 - r_s/d_s) \times 100\% \tag{1-4}$$

式中：P_s —— 土壤孔隙度，%；

r_s —— 土壤容重，g/cm^3；

d_s —— 土粒密度，g/cm^3。

测定结果均以算术平均值表示，保留 2 位小数。

（6）质量保证和质量控制

容重平行测定结果允许绝对相差≤0.02 g/cm^3。

（7）注意事项

容重测定也可将装满土样的环刀直接于（105±2）℃恒温干燥箱中烘至恒量，在 1% 精度天平上称量测定。

$$容重（g/cm^3） = \frac{烘干土样质量（g）}{环刀容积（cm^3）} \tag{1-5}$$

2．田间持水量分析测试

（1）编制依据

本方法依据《土壤检测　第 22 部分：土壤田间持水量的测定—环刀法》编制。

（2）适用范围

本方法适用于各类土壤田间持水量的测定。

（3）方法原理

将浸泡饱和的原状土置于风干土上，使风干土吸去原状土中的重力水后，再用《土壤水分测定法》（NY/T 52—1987）中的烘干法测定含水量。

本方法所用水为《分析实验室用水规格和试验方法》（GB/T 6682—2008）中规定的三级水。

（4）仪器和设备

天平（感量为 0.01 g、0.000 1 g）、环刀（容积为 100 cm³）、标准筛（孔径为 2 mm）、电热恒温干燥箱、中号铝盒、干燥器。

（5）分析步骤及结果计算

将环刀有孔盖的一面向下、无孔盖的一面向上放入平底容器中，缓慢加水，保持水面比环刀上缘低 1～2 mm 处，浸泡 24 小时；将在采样点附近采集的混合土样风干、磨碎，通过孔径 2 mm 筛后装入无孔底盖的环刀中，轻拍、压实，保持土壤表面平整并高出环刀边缘 1～2 mm，并在上面覆盖一张略大于环刀口外径的滤纸，置于水平台上；将装有经水分充分饱和的原状土样的环刀从浸泡容器中取出，移去底部有孔的盖子，把此环刀放在盖有滤纸、装有风干试样的环刀上，将两个环刀边缘对接整齐并用 2 kg 左右重物压实，使其接触紧密；经过 8 小时水分下渗过程后，取上层环刀中的原状土 15～20 g，放入已恒重的铝盒（m_0），立即称重（精确至 0.01 g）（m_1），并在（105±2）℃的烘箱中烘干至恒重（12 小时），取出后放入干燥器内冷却至室温，称重（精确至 0.01 g）（m_2），计算其水分含量，此值即为土壤的田间持水量，以质量分数（g/kg）表示，公式如下：

$$X = \frac{(m_1 - m_2) \times 1000}{m_2 - m_0} \qquad (1\text{-}6)$$

式中：X—— 土壤田间持水量，g/kg；

m_0—— 烘干空铝盒质量，g；

m_1—— 烘干前铝盒及试样的质量，g；

m_2—— 烘干后铝盒及试样的质量，g。

平行测定结果以算术平均值表示，结果取整数。

（6）质量保证和质量控制

田间持水量平行测定结果允许绝对相差≤10 g/kg。

附表 1-1　各点位类型样品的采集、装运、流转要求

点位类型	采集样品类型	采样方式	样品量	样品包装、标签	送至	装运要求	流转时间
普通循环监测点	农产品混合样 1 份	采集可食部位 多点采集、等量混匀	干样：1.5~2.0 kg 鲜样：≥3.0 kg	双袋、双标签	制样单位	鲜样建议采用冷链运输	干样：≤4 天 鲜样：≤2 天
	土壤混合样 1 份	垂直柱状法 多点采集、等量混匀	1.5~2.0 kg	双袋、双标签		无	≤4 天
耕地地力监测点	农产品混合样 1 份	采集可食部位 多点采集、等量混匀	干样：1.5~2.0 kg 鲜样：≥3.0 kg	双袋、双标签	制样单位	鲜样建议采用冷链运输	干样：≤4 天 鲜样：≤2 天
	土壤混合样 1 份	垂直柱状法 多点采集、等量混匀	2.5~3.0 kg	双袋、双标签		无	≤4 天
	土壤原土样 1 份	环刀法单点采集	不少于 2 环刀	环刀+袋、双标签	采样实验室	装入木箱，立即带回	迅速带回
	土壤鲜样 1 份	单点采集	20 g	有盖铝盒+袋、双标签		无	迅速带回
农药监测点	农产品混合样 1 份	采集可食部位 多点采集、等量混匀	干样：1.5~2.0 kg 鲜样：≥3.0 kg	双袋、双标签	制样单位	鲜样建议采用冷链运输	干样：≤4 天 鲜样：≤2 天
	土壤混合样 1 份	垂直柱状法 多点采集、等量混匀	2.5~3.0 kg	双袋、双标签		无	≤4 天
	土壤原土样 1 份	环刀法单点采集	不少于 2 环刀	环刀+袋、双标签	采样实验室	装入木箱，立即带回	迅速带回
	土壤混合样 1 份	单点采集	20 g	有盖铝盒+袋、双标签		无	迅速带回
	土壤鲜样 1 份	垂直柱状法 单点采集	500 mL	棕色磨口玻璃瓶+袋、双标签	检测实验室	冷链（<4℃，避光）运输	≤7 天（尽快送达）

附表 1-2　采样计划

采样小组编号								
采样小组组长					采样小组成员			
采样小组责任分工					采样小组组长联系方式			
					采样注意事项			
序号	点位编码	采样地点	点位类型	作物类型	采样量		计划采样时间	是否如期启动	推迟采样原因	拟采样时间
					土壤	农产品				
1		县 乡 村	普通循环监测点	C	2 kg	1.5 kg	年 月 日	是□ 否□		
2		县 乡 村	耕地地力监测点	A	2.5 kg	1.5 kg	年 月 日	是□ 否□	水稻尚未成熟	年 月 日
3										
…										

注：作物类型代码为水稻（A）、小麦（B）、玉米（C）、根茎类（D）、叶菜类（E）、茄果类（F）、豆类（G）、大豆（H）、油料（I）、糖类（J）、茶叶（K）、水果（L）、其他作物（M）。

附表 1-3 采样准备自查表

采样小组编号：_____　　　自查负责人：_____　　　自查时间：_____

组织准备自查			
组建具备采样经验的 2 人以上的采样小组 是□ 否□		全员经过专项培训 是□ 否□	

物资准备自查				
序号	采样物资	是否配备	数量（个/套）	状态是否良好
1	铁铲	是□ 否□	2	是□ 否□
2	铁锹	是□ 否□	2	是□ 否□
3	不锈钢刀具	是□ 否□	6	是□ 否□
…				

技术准备自查	
掌握 BDS 或 GPS、蓝牙打印机、手持终端、数码照相机的使用、校准和调试 是□ 否□	将 BDS 或 GPS 的坐标系统设置为 CGCS 2000 是□ 否□
定位精度设置为米（m） 是□ 否□	经纬度格式设置为度（°）且保留 6 位小数 是□ 否□

采样方法自查

已上传视频总数_____，土壤采样视频数_____，农产品采样视频数_____，
审核通过视频数_____，审核未通过视频数_____，已重新上传视频数_____。

土壤混合样采集视频 ☒　　原状土采集视频 ☒　　　　土壤鲜样采集视频　☒

水稻或小麦采集视频 ☒　　玉米采集视频 ☒　　　　　叶菜类蔬菜采集视频 ☒

根茎类蔬菜采集视频 ☒　　茄果类或豆类蔬菜采集视频 ☒　其他类采集视频 ☒

测定实验自查	
测定实验所需仪器设备准备齐全、恒温干燥箱通过检定且在检定有效期内 是□ 否□	熟练掌握容重、孔隙度及土壤田间持水量测定实验方法、操作及结果计算方法 是□ 否□

注：☒表示该视频已上传，全书余同。

附表 1-4　备选点位启用申请表

采样小组组长：　　　　　　　　　　　　　　　　　　　　　成员：

序号	点位编码	计划点位坐标	计划点位种植作物类型	备选点位坐标	调整点位种植作物类型	调整行政级别	调整原因	证明材料	核查结果	原因
1		（116.365 432，39.956 782）	小麦	（116.365 412，39.956 721）	苹果	乡镇范围内调整	1；2	☒	同意启用□ 补充材料□ 拒绝启用□	
2										
3										
…										

注：①坐标填写格式为（东经，北纬），单位为度（°），保留6位小数。
　　②作物类型依重金属敏感性由低到高依次为蔬菜（叶菜类、根茎类）、主粮、其他蔬菜、水果（茶叶）、其他5类。
　　③调整行政级别包括同一行政村范围内调整、乡镇范围内调整、县市区范围内调整。
　　④调整原因可填数字 1～4（可多选，多选时以"；"隔开），其含义如下：1-点位所在地块变更为非耕地；2-点位所在地块处于常年休耕状态；3-点位所在地块种植作物与任务信息不一致；4-点位所在地块50 m范围内有新建的公路、工厂等明显污染源。
　　⑤证明材料即采样小组点位调整的证据，其中照片内容可为采样点位耕地现状，需反映出耕地或非耕地、采样点位种植作物类型、作物生长状况等。
　　⑥核查结果由区域监测中心内控小组经审核确认后填写；当核查结果勾选拒绝启用时，应注明原因；采样小组按照核查结果开展下一步工作。

附表 1-5　耕地地力监测点位调整申请表

序号	点位编码	计划点位坐标	调整原因	证明材料	审核结果	调整点位坐标
1		（116.365 432，39.956 782）	1；2；3；4	☒	通过 □ 未通过 □	
2						
3						
…						

注：①坐标填写格式为（东经，北纬），单位为度（°），保留6位小数。
　　②调整原因可填数字 1～4（可多选，多选时以"；"隔开），其含义如下：1-点位所在地块变更为非耕地；2-点位所在地块处于常年休耕状态；3-点位所在地块种植作物与任务信息不一致；4-点位所在地块50 m范围内有新建的公路、工厂等明显污染源。
　　③证明材料即采样小组点位调整的证据，其中照片内容可为采样点位耕地现状，需反映出耕地或非耕地、采样点位种植作物类型、作物生长状况等。
　　④审核情况及调整点位坐标由质控中心审核后填写，采样小组按照审核结果及调整点位坐标开展下一步工作。

附表 1-6　采样信息收集表

采样日期：　年　月　日　　　　　　　　　　　　　　　　共　页，第　页

采样小组编号		采样小组组长	
样点信息			
样点地址	省　市　县　乡　村		
样点编码	14097-YX-002	点位类型	农药监测点
现场坐标	东经　°		北纬　°
	海拔　m	采样地块面积	亩
土壤类型	水稻土		
土地利用现状	水田		
当季农业生产状况	作物类型	作物品种	
	产量	生长状况	正常□ 异常□
农业投入品	肥料种类	氮肥□　磷肥□　钾肥□　有机肥□	
	农药种类	杀菌剂□　杀虫剂□　除草剂□	
当季灾害及病虫害			
周边新增污染源情况			
样品信息			
土壤样品编码		土壤样品重量	
农产品样品编码		农产品样品重量	
现场照片	定位设备屏显照片☒　　作物生长异常状况照片☒ 土壤样品包装☒　　农产品样品包装☒ 采样点周边标志物☒（可选）　采样点周边污染源☒（可选）		

采样人＿＿＿＿＿　　　　记录人＿＿＿＿＿　　　　校对人＿＿＿＿＿

注：①样点类型包括普通循环监测点、耕地地力监测点、农药监测点。
　　②样点地址填写省（自治区、直辖市）、市、县（区、旗）、乡（镇、街道）、村（屯）行政单元名称。
　　③坐标单位为度（°），保留 6 位小数。
　　④海拔单位为米（m），保留 1 位小数。
　　⑤作物类型可选"水稻""小麦""玉米""蔬菜""水果""茶叶""其他"共计 7 项。
　　⑥产量单位为千克（kg），可整百进行估计填报。
　　⑦样品重量单位为克（g），取整数。

附表 1-7　样品流转计划

序号	流转批次信息				样品装运信息			样品流转信息		样品交接信息					
	流转批次	批次样品份数	批次样品类型	样品编码范围	装运需求	所需物资	装运核查人	流转方式	路线及拟流转时间	拟交接时间	交接单位	交接单位地址	送样人及联系方式	接样人及联系方式
1														
2														
3														
...														

附表 1-8　样品装运情况确认表

序号	流转批次	样品箱号	样品编码	样品类型	样品重量是否符合要求	样品包装是否完好无损	样品标签是否完好整洁	样品编码是否完好正确	样品保存方式	防沾污措施	防破损措施	实际流转开始时间	目的地	应送达时限	核查负责人签字确认
1					是□ 否□	是□ 否□	是□ 否□	是□ 否□	常温□ 低温□ 避光□	有□___ 无□	有□___ 无□				
2															
3															
...															

交运单位：_____　　交 运 人：_____　　联系方式：_____

送达单位：_____　　联 系 人：_____　　联系方式：_____

承运单位：_____　　负 运 人：_____　　联系方式：_____

附表 1-9　样品交接单

序号	交接时间	样品编码	样品类别	是否接收	拒收理由	拒收证据
1	20190101	×××××- ××-×××-×	土壤	☑是 □否		
2	20190101	×××××- ××-×××-×	土壤	□是 ☑否	样品包装破损	⊠
3	20190101	×××××- ××-×××-×	水稻	□是 ☑否	农产品样品腐烂霉变或生虫	⊠
…	20190101	×××××- ××-×××-×	玉米	□是 ☑否	样品包装破损；二维码模糊	⊠

注：①交接时间为 8 位数字，日期格式为"YYYYMMDD"。

②样品类别，若为土壤样品，填写"土壤"两字即可；若为农产品样品，则应明确具体的农产品类别，可选"水稻""小麦""玉米""蔬菜""水果""茶叶""其他"共计 7 项。

③是否接收，若选择"是"，则后面"拒收理由"和"拒收证据"两项不需要填写；若选择"否"，则后面"拒收理由"和"拒收证据"两项全部需要填写，不得空项。

④拒收理由可单选或多选，具体理由如下：样品包装破损、样品标签模糊、样品存在污损、农产品样品发生腐烂霉变或生虫、流转时间过长等。拒收理由为多项时，各理由之间以分号";"分隔。

⑤拒收证据需上传能表明该样品或其包装状态的照片。

附表 1-10　容重、孔隙度、田间持水量结果上报

序号	样品编码	容重 检测结果/ （g/cm³）	孔隙度 检测结果/ %	田间持水量 检测结果/ （g/kg）	实验记录 （含平行测定结果） 扫描件
1					
2					
3					
…					

第 2 章
土壤和农产品样品制备

2.1 目的和适用范围

本章明确了农产品产地土壤环境监测中土壤及农产品样品制备环节制样关键操作的技术方法和要求，适用于农产品产地环境监测工作中土壤及农产品样品制备环节的制样工作。样品制备环节任务分配范围如图 2-1 所示。

2.2 工作流程

样品制备工作流程如图 2-2 所示。

2.3 操作步骤

2.3.1 制样计划

1. 制样任务接收

制样单位及时接收由内控小组下发的制样任务，核实无误后确认制样任务清单，明确制样量、包装标签、装运流转要求（附表 2-1）。

2. 制样计划编制

制样单位根据所领取的制样任务，并结合制样单位实际工作开展情况，制订并按时提交详细、合理的"制样计划"（附表 2-2），内容应包括任务部署、人员分工、时间节点、制样准备、样品交接、质量监督检查和注意事项等。

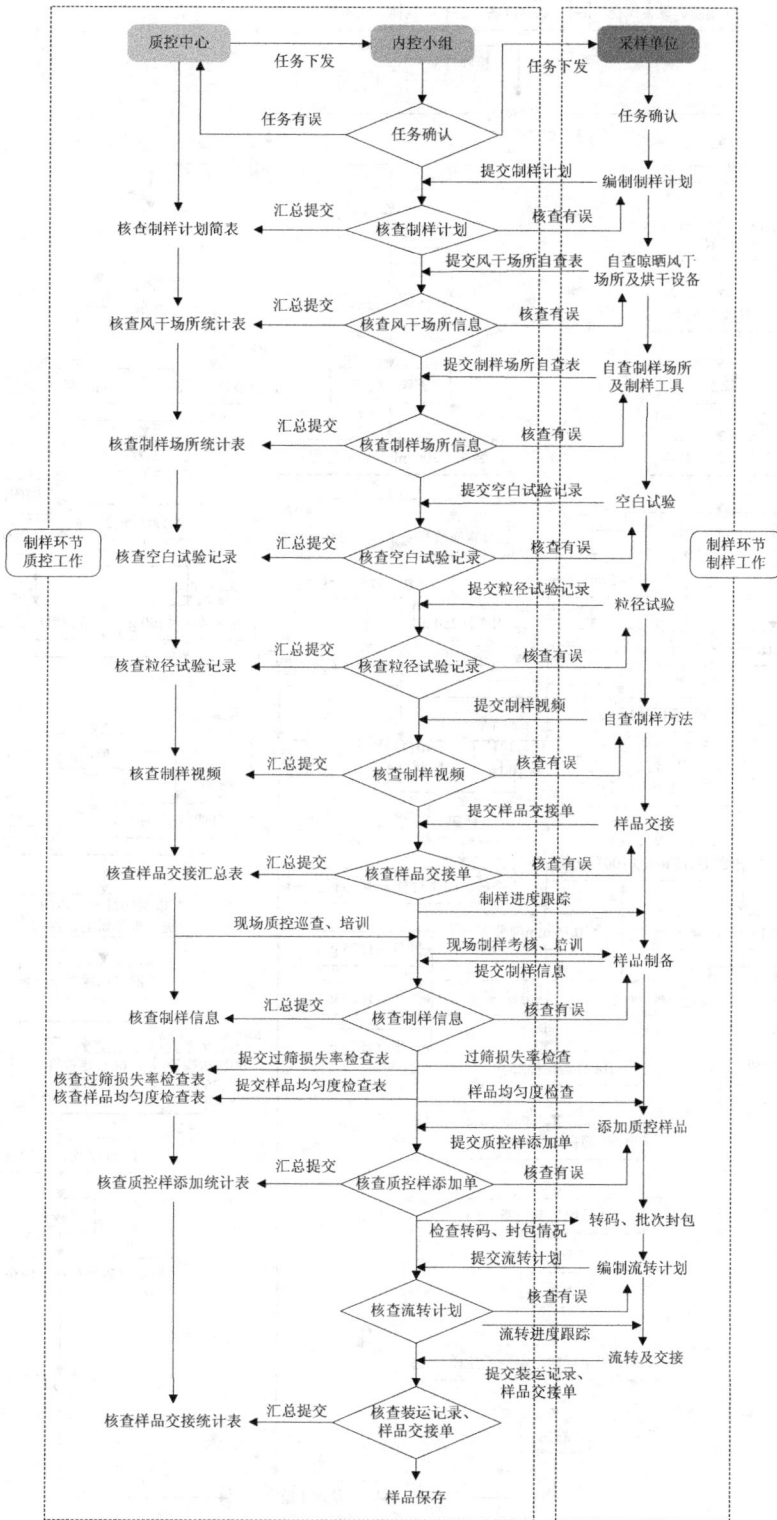

图 2-1　样品制备环节任务分配范围

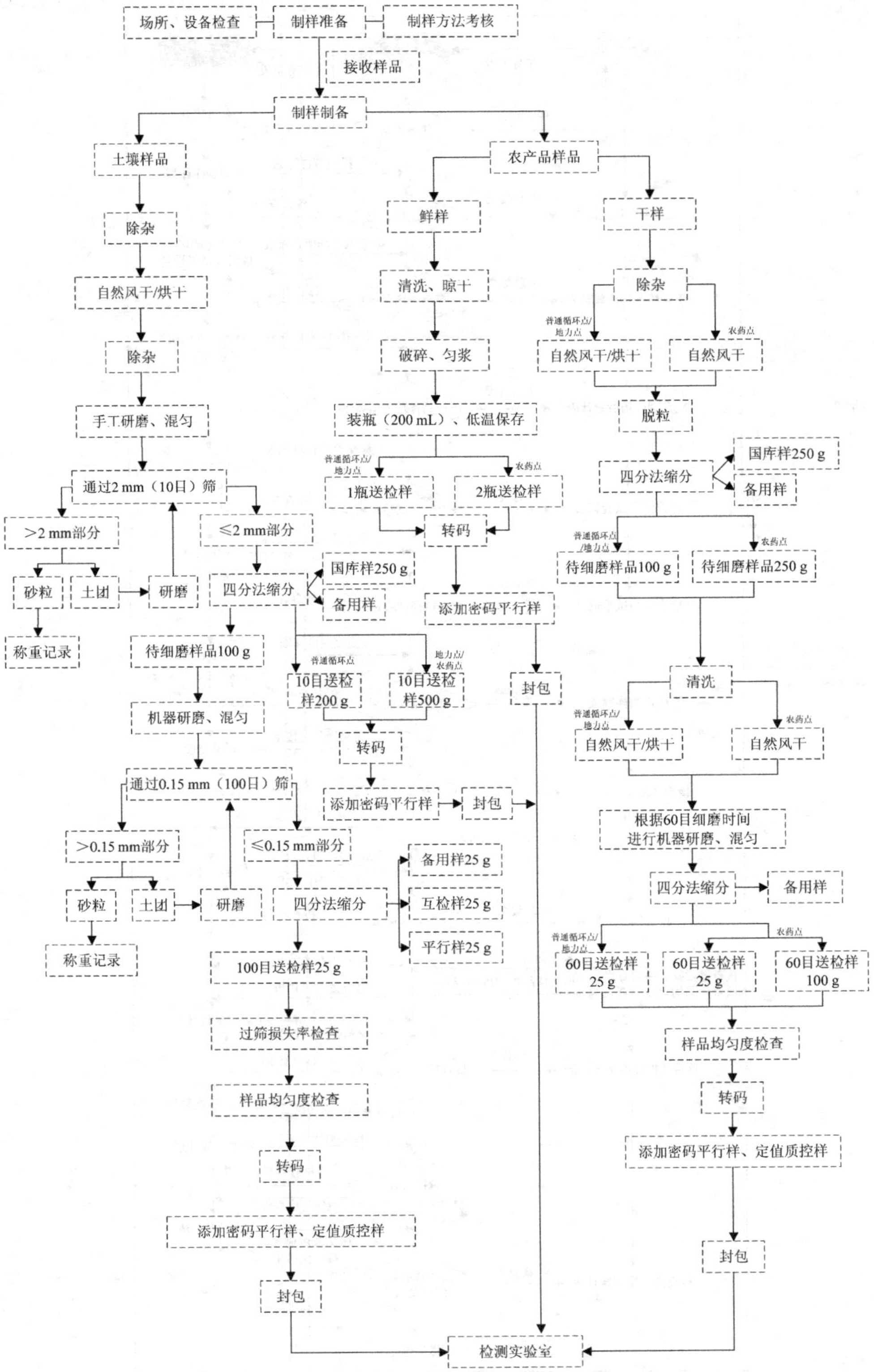

图 2-2　样品制备工作流程

2.3.2　制样准备

制样单位应完成晾晒风干场所及烘干设备自查、制样场所及制样工具和设备自查、空白试验、粒径试验、制样方法自查等工作。

1. 自查晾晒风干场所及烘干设备

制样单位需根据所承担的任务量提前准备好足够容纳所承担任务量的晾晒风干场所及烘干设备，并对每个拟进行样品晾晒或风干的场所条件及每个拟进行烘干的设备情况逐一进行自查。晾晒风干场所应通风良好，具备一定的控温条件，无易挥发性化学物质；配备有专用的样品架、托盘、牛皮纸、农产品悬挂绳或悬挂钩等；土壤样品和农产品样品应分类分区进行晾晒或风干。烘干设备应通过检定，留存检定证书且证书在有效期内。风干或烘干时，样品之间应相互隔离，避免交叉污染。自查时，若发现晾晒或风干场所或烘干设备不符合要求，须及时改善晾晒或风干场所的环境条件或更换烘干设备，并按时提交"晾晒场所信息统计表"（附表 2-3）。

在室内环境自然风干或在室外有遮挡（无阳光直射）的场所进行风干时，制样人员需在样品风干期间每天每隔 2 小时记录一次风干场所的温度和湿度，若湿度大于 60%（秦岭—淮河以南地区可放宽至 75%），则应立即更换风干场所或停止作业；制样人员需在样品风干期间定期检测和记录空气中目标污染物的浓度。不得在室外无遮挡的环境中进行样品风干处理（水稻、小麦未脱粒样品除外）。使用烘干设备进行样品干燥的，应记录每次样品烘干的温度、时间及样品数量等信息，若烘干设备温度超过 65℃，则应立即停止使用该设备进行烘干，待检修完成或更换设备后方可继续进行烘干作业。制样人员须按时记录并提交"晾晒场所数据记录表"（附表 2-4）。

2. 自查制样场所及制备工具和设备

制样单位应根据所承担的任务量，设置相应数量的制样室及制样工具和设备，并对每个拟进行样品制备的场所及每个拟进行样品制备的设备逐一进行自查。制样室应通风良好，每个制样工位做适当隔离，土壤样品和农产品样品分开独立制备；制样室内安装监控摄像头，确保全方位、无死角；制样室内的制样设备、工具及容器应准备齐全且状态良好，分装容器材质规格满足技术要求。

制样工具及容器一般包括以下几类：

- 盛样用搪瓷盘、木盘等；
- 土壤样品粗粉碎用木槌、木铲、木棒、有机玻璃棒、有机玻璃板、硬质木板、无色聚乙烯薄膜等；
- 土壤样品细磨样用玛瑙球磨机、玛瑙研钵、瓷研钵等；
- 孔径＜2 mm（10 目）、＜0.25 mm（60 目）和＜0.15 mm（100 目）的尼龙筛；

● 稻穗、麦穗脱粒用脱粒机、去皮用砻谷机、玉米脱粒用硬质木搓板或木块；

● 糙米、麦粒和玉米粒细磨用食品级不锈钢高速粉碎机，玛瑙或氧化锆研磨机，蔬菜样品捣碎用营养调理机、细胞破壁机、组织捣碎机等；

● 磨口玻璃瓶、聚乙烯塑料瓶、牛皮纸袋等分装容器，规格视样品量而定，应避免使用含有待测组分或对测试有干扰的材料制成的样品瓶、样品袋盛装样品；

● 电子天平、样品制备手持终端、便携式蓝牙打印机、样品标签纸、计算机、常规打印机、原始记录表等。

自查时，若发现制样场所或工具、设备不符合要求，须及时改善制样室环境条件或增补制样工具和设备，以确保制样场所的环境符合要求或制备工具及设备状态良好，并按时提交"制样场所及工具设备信息统计表"（附表2-5）。

3. 空白实验

制样人员必须在样品制备开始前对拟启用和备用的全部粉碎设备的机器性能进行空白试验测试，以排除细磨工具对样品可能造成的污染：选取3份及以上的土壤样品及农产品样品（干样），同时进行人工磨样和机器磨样，每份土壤样品均需检测总镉、总汞、总砷[①]、总铅、总铬、总铜、总锌、总镍8项重金属含量；每份农产品样品（干样）均需检测镉、汞、砷、铅、铬5项重金属含量，计算机器磨样的测定值与人工磨样测定值的相对误差。

土壤样品人工磨样方法：人工使用小木槌将样品砸碎，并将砸碎后的样品放入玛瑙研钵，再使用钵杵将样品捣碎并研磨，或者将其放置在碾板上用木碾慢慢碾碎。

糙米、麦粒和玉米手工细磨方法：称取糙米、麦粒或玉米粒10 g，先用木槌敲打破碎后放入烘箱（65±5）℃烘30分钟，再用木槌粉碎过0.25 mm（60目）筛，如有剩余，重复以上步骤。农产品样品细磨工具材质须达到食品级，新购置的细磨工具磨样前用同类型样品做磨损老化处理。

相对误差（δ）计算公式如下：

$$\delta = \frac{|x - \mu|}{\mu} \times 100\% \tag{2-1}$$

式中：δ——机器磨样的测定值与人工磨样测定值相比的相对误差，%；

x——机器磨样检测值，mg/kg；

μ——人工磨样检测值，mg/kg。

求三次相对误差的平均值，得到平均相对误差，与重金属检测项目分析测试准确度允许范围进行比较，并填写提交全部设备的"磨样机器性能测试空白试验记录表"（附表2-6、附表2-7）。对于不符合相对误差要求的机器，须立即更换磨样机器并重新测

[①] 砷是一种类金属，因其化学性质和环境行为与重金属有相似之处，通常归于重金属研究范畴。

定空白试验结果或换成人工磨样的方式后方可进行样品加工。重金属检测项目分析测试准确度允许范围见表 2-1。

表 2-1 重金属检测项目分析测试准确度允许范围

检测项目	土壤		农产品	
	含量范围/（mg/kg）	相对误差/%	含量范围/（mg/kg）	相对误差/%
总镉	<0.1	±30	<0.1	±35
	0.1～0.4	±20	0.1～0.2	±30
	>0.4	±15	>0.2	±25
总汞	<0.1	±30	<0.1	±35
	0.1～0.4	±25	0.1～0.2	±30
	>0.4	±20	>0.2	±25
总砷	<10	±20	<0.1	±35
	10～20	±15	0.1～1.0	±30
	>20	±10	>1.0	±25
总铅	<20	±20	<0.1	±35
	20～40	±15	0.1～1.0	±30
	>40	±10	>1.0	±25
总铬	<50	±20	<0.1	±35
	50～90	±15	0.1～1.0	±30
	>90	±10	>1.0	±25
总铜	<20	±20	—	—
	20～30	±15	—	—
	>30	±10	—	—
总锌	<50	±20	—	—
	50～90	±15	—	—
	>90	±10	—	—
总镍	<20	±20	—	—
	20～40	±15	—	—
	>40	±10	—	—

4．粒径试验

制样人员需在糙米、麦粒和玉米细磨前开展粒径试验，即用机器研磨农产品样品时记录不同研磨时间的过筛残留量，绘制散点图并作曲线拟合，以过 0.25 mm（60 目）筛残留量占样品总量的百分比小于 10%的时间作为后续研磨的作业时间，此试验需至少重复 3 次，求取平均值，并计算平均偏差（平均偏差不得大于 2），填写提交"粒径试验记录表"（附表 2-8）和样品粒径试验图。

平均偏差计算公式如下：

$$\bar{d} = \frac{\sum\limits_{i=1}^{n} |x_i - \bar{x}|}{n} \qquad (2\text{-}2)$$

式中：$\bar{d}$ —— n 次过筛残留量占样品总量的百分比小于 10% 的研磨时间的平均偏差；

x_i —— 第 i 次过筛残留量占样品总量的百分比小于 10% 的研磨时间，分钟；

$\bar{x}$ —— n 次过筛残留量占样品总量的百分比小于 10% 的研磨时间的算术平均值，分钟。

5．自查制样方法

制样单位应熟练掌握四分法及样品制备方法及操作，并明晰样品包装、标签、制样量等要求。于制样工作开始前（最迟不晚于制样开始的 3 个工作日），各制样单位须上传 2 mm（10 目）、0.15 mm（100 目）土壤样品及 0.25 mm（60 目）农产品样品的制备过程视频各 1 份，制样视频需清楚反映制样工具、制样量、样品包装及标签等。

2.3.3　样品交接

制样单位应安排专人负责样品交接工作，该样品交接负责人应清楚样品交接要求及交接核查内容。

样品交接时，双方交接负责人可自行协商确定交接形式，通过现场交接或视频交接等方式均可，送样人和收样人均需清点核实样品，并逐个检查全部样品，利用手持终端扫码确认、记录样品交接信息，打印"样品交接单"（附表 2-9），双方签字并各自留存 1 份。具体交接核查内容包括但不限于以下几个方面：

- 样品量是否符合要求；
- 样品包装是否完好无损，样品有无被污损；
- 样品标签是否清晰可辨；
- 样品流转的时间跨度是否符合要求；
- 农产品样品是否发生腐烂霉变或生虫。

对不合格样品一律拍照留证，并予以退回，在手持终端中说明拒收该样品的理由，并于 3 天内接收采样小组重新提供的样品。拒收理由可以是一项或多项原因，具体包括样品量过少、样品包装破损、样品标签模糊、样品存在污损、农产品样品发生腐烂霉变或生虫、流转时间过长等。

2.3.4　样品制备操作

制样单位须根据计划制样时间如期启动制样工作。若不能按时进行样品制备工作，则需及时提交样品制备工作推迟说明，说明中需明确推迟制样的原因和计划制样的时间等。

　　样品制备前，应首先录入该样品的实际制备时间、样品编码、样品类别、点位类型等信息（附表 2-10、附表 2-11）。样品制备时，制样人员须严格按照规定的制样方法及要求进行土壤和农产品的样品制备，原则上要尽可能使每份样品都均匀地来自该样品总量。制样人员将所采集的土壤样品采用人工制样全部敲碎粗磨过 2 mm（10 目）筛；再采用四分法缩分 10 目土壤样品至一定量，机器研磨过 0.15 mm（100 目）筛。农产品干样采用四分法缩分样品至一定量，机器粉碎过 0.25 mm（60 目）筛。

　　样品制备应严格按照四分法操作方法，即将样品反复混合均匀后摊平成厚度均匀的扁平圆形，过圆心画十字线，四等分样品，取对角线两等分，如此继续缩分至所需数量为止。

　　制样所用工具均应在处理每份样品前清洗干净，严防交叉污染，建议采用自来水清洗后烘干或晾干制样工具，蔬菜、水果等鲜样匀浆等工具应先用自来水清洗，再用去离子水冲洗。

　　在样品风干（烘干）、细磨、分装过程中，样品编码必须始终保持一致。定期检查样品标签，严防样品标签模糊不清或丢失。对严重污染样品应另设风干室，且不能与其他样品在同一制样室同时过筛研磨。

1．土壤样品制备

（1）样品风干（烘干）

　　应先核对标签并称量，然后将样品倒出在盛样用器皿（如搪瓷盘）中，用木铲摊开铺平土壤样品，摊成 2～3 cm 的薄层，除去土壤中混杂的砖瓦石块、石灰结核、动植物残体等，并在搪瓷盘上贴上标签；放在风干架上自然风干，须经常翻动样品，半干状态时用木棍压碎或用两个木铲搓碎土样，或戴一次性手套掰碎土块，置于阴凉处自然风干。应每天每隔 2 小时记录一次风干室的温度和湿度，同时需定期检查样品标签，严防样品标签模糊不清或丢失，也可采用土壤样品烘干机烘干，温度控制在（65±5）℃，烘干时应设置隔离设施，避免交叉污染。为保证样品的一致性，建议有条件的制样单位采用烘干方式统一处理样品。

（2）样品粗磨

　　风干或烘干后给样品称重，分多次取样进行粗磨，在制样室将风干的样品倒在有机玻璃板或硬质木板上，用木槌碾压，用木棒或有机玻璃棒再次压碎，拣出杂质，细小已断的植物须根可采用静电吸附的方法清除，须将所有杂质都收集起来；将全部土壤样品手工研磨后混匀，过 2 mm（10 目）尼龙筛，去除 2 mm 以上的石块，大于 2 mm 的土团用木槌砸碎硬土团，并使用白瓷研钵反复研磨、过筛，直至全部土团能通过 2 mm（10 目）筛；收集通过 2 mm（10 目）筛的样品，也将未过筛的砂粒、石块收集起来，多次反复直至所有风干样品全部经过粗磨筛分；粗磨完成的样品（10 目）用木铲充分混匀，制样前后应记录土壤样品质量。按四分法分出国库样品 250 g、10 目送检样 500 g、待细磨样品 100 g，其余样品均在区域监测中心暂存备用；用牛皮纸袋或塑料瓶进行分装国库样和 10 目送检样，并粘贴标签。

（3）样品细磨

将待细磨样品过 0.15 mm（100 目）筛，对于未通过 0.15 mm（100 目）筛的样品用玛瑙球磨机（或手工）研磨至全部可通过孔径 0.15 mm（100 目）的尼龙筛；将 2 mm（10 目）筛和 0.15 mm（100 目）筛上下叠放，上层放 2 mm（10 目）筛，用于隔离玛瑙珠，下层为 0.15 mm（100 目）筛，用于筛分 100 目样品；充分混匀所有通过 0.15 mm（100 目）筛的样品，并用四分法分为 4 份，每份约 25 g，分别用于送检、平行、互检和备用，用牛皮纸袋或塑料瓶进行分装，并粘贴标签。

2．农产品样品制备

（1）农产品干样

①样品风干

应先核对标签、称量，并除去杂质。普通循环监测点和耕地地力监测点的农产品样品（稻穗、麦穗和玉米）可进行风干或烘干，农药监测点的农产品样品仅可自然风干，还应每天每隔 2 小时记录一次风干室的温度和湿度，同时需定期检查样品标签，严防样品标签模糊不清或丢失。

②样品粗磨

风干/烘干后的稻穗、麦穗用小型脱粒机脱粒、玉米用硬木搓板与硬木块进行手工脱粒，反复混合均匀，并对粗制完成的糙米、麦粒和玉米粒样品用四分法进行缩分。对于普通循环监测点和耕地地力监测点，应分出国库样 250 g，待细制备样 100 g，其余为区域监测中心留存样品；对于农药监测点，应分出国库样 250 g，待细制备样 250 g，其余为区域监测中心留存样品。用牛皮纸袋或塑料瓶进行国库样分装，并粘贴标签。

③样品细磨

将所有待细磨的糙米、麦粒或玉米粒样品先用自来水清洗 3～5 次，至自来水清澈后再用去离子水清洗 2 次。普通循环监测点和耕地地力监测点的籽粒在清洗完毕后应立即在（65±5）℃下烘干后细磨，农药监测点的籽粒仅可风干。

普通循环监测点和耕地地力监测点的农产品样品取 100 g，按照糙米、麦粒和玉米粒度试验确定的 60 目细磨时间进行细磨，并按四分法取 25 g 作为重金属送检样，其余妥善保存以备复测，用牛皮纸袋或塑料瓶进行样品分装，并粘贴标签；农药监测点的农产品样品取 250 g，按照糙米、麦粒和玉米粒度试验确定的 60 目细磨时间进行细磨，并按四分法取 25 g 作为重金属送检样、取 100 g 作为农药残留送检样，其余妥善保存以备复测，用牛皮纸袋或塑料瓶进行样品分装，并粘贴标签。根据粒径试验结果确定糙米、麦粒或玉米样细磨时间，无须再做过筛处理。

（2）农产品鲜样

蔬菜、水果等鲜样测定重金属时，应先用清水洗净，再用去离子水冲洗 2 次，置于阴凉通风无污染处晾至无水，或用洁净纸（布）擦干［测定农药残留的蔬菜、水果等鲜样应用洁净的毛（纸）巾擦掉附着于其上的泥土等物］，制备成匀浆装入洁净的聚乙烯瓶中密封，于−18℃冰箱中低温保存。

蔬菜、水果等鲜样交接完毕应尽快处理，在保证其新鲜度的条件下，最迟在 48 小时内完成匀浆制样并低温（−18℃以下）保存。

对于普通循环监测点和耕地地力监测点，制备实验室送检样 1 瓶（200 mL）；对于农药监测点，制备实验室送检样 2 瓶（200 mL）。鲜样样品制备量≥2 瓶时，应在样品破碎后立即分装，避免因样品分层而导致不均匀。

（3）烟叶、茶叶样品

烟叶、茶叶等样品先用自来水清洗 3～5 次，至自来水清澈后再用去离子水清洗 2 次。清洗完毕的烟叶、茶叶等样品立即在（65±5）℃下烘干，用高速粉碎机（或氧化锆研磨机）细磨，混合均匀。实验室送检样不少于 100 g。

2.3.5　质控样添加

完成样品制备、包装后，制样人员须将已更换为本单位样品包装的质控样品按批次添加至用于重金属检测的批次样品中，并记录提交"质控样添加记录"（附表 2-12）。每批次样品数量不得超过检测机构一次消解或浸提等前处理的能力，一般来说，每批次样品数量为 50 瓶。

每批次 100 目土壤样品和农产品干样中，至少添加密码平行样、定值密码样、互检样品各 1 份；每批次 10 目土壤样品和农产品鲜样中，至少添加密码平行样、互检样品各 1 份。

密码平行样由制样单位自行指定，若批次样品中包含平行点位样品，则平行点位样品自动成为密码平行样；定值密码样和互检样品由质控中心统一分发给各区域监测中心，并由区域监测中心分发给各制样单位。

2.3.6　样品转码及封包

1. 样品转码

制样单位应按时利用智能终端完成每个样品的转码工作，核对新编码是否符合编码规则，确认无误后打印并粘贴标签，还应对粘贴的标签进行再次扫码确认。

2. 批次封包

制样单位需检查每个样品的包装是否完好无损，样品标签及编码是否粘贴且清晰可辨，核查样品重量及样品数量是否符合要求；按批次封装样品，每批次统一打包成一个样包，并在样包上粘贴标签，标签上须注明包装时间、样品数量、样品编码范围、制样机构等信息，并对核查无误的样包拍照留底。

2.3.7 样品保存

区域监测中心需设置短期样品保存室，样品至少保留至该批样品检测数据审核结束。短期样品保存室设置以安全、准确、便捷为基本原则，其中安全包括样品性质安全、样品信息安全、设备运行安全，准确包括样品信息准确、样品存取位置准确、技术支持（人为操作）准确，便捷包括工作流程便捷、系统操作便捷、信息交流便捷。储存样品应尽量避免日光、潮湿、高温和酸碱气体等的影响。

年度监测工作结束前，区域监测中心应妥善保存备用样品，样品需存放在阴凉、干燥、通风、无污染处。区域监测中心应定期检查留存样品，防止霉变、鼠害及样品标签脱落等，发现问题应及时采取补救措施。

对糙米、麦粒和玉米粒样品，可以考虑在烘干后抽真空，以延长保存时间。制备完成的蔬菜、水果鲜样（浆液）在-18℃以下的条件下保存。

2.3.8 样品流转及交接

1. 编制样品流转计划

制样单位应根据制样时间、制备样品数量、样品类别及点位类型等对样品流转进行统筹规划，依据制样计划制订合理、详细的"样品流转计划"（附表 2-13）。样品流转计划应包括样品批次和每批次样品份数、类型，样品的装运需求及所需物资，样品流转方式、路线及拟流转时间，以及样品交接的时间、地点及人员等，并指定样品装运核查负责人。

2. 样品装运及流转

制样单位应指定装运流转前的核对负责人，在样品装运现场利用手持终端对样品及样品信息逐一核对，重点核查样品标签、样品质量、样品数量、样品包装、样品装运条件、样品目的地、样品应送达时限等，如有缺项、漏项和错误，在及时补齐、修正后方可装运。在该批次样品全部核查无误后，装运核查负责人应在手持终端中进行电子签名，以确认该批样品的装运信息（附表 2-14）。

将核查无误的样品装车完毕后在系统中录入该样品的实际流转开始时间，以确保样品依照样品流转计划如期发出。若不能按时进行样品流转，则需及时提交样品推迟流转说明，说明中需明确推迟流转的原因和计划流转时间等。应严格遵循时间节点，从样品被制样机构接收到样品制备完成后流转出制样机构的时间周期不能超过 30 天。

样品流转运输必须保证样品安全、及时送达。样品运输过程中应使用样品箱，并严防变质、破损、混淆或沾污。制备完成的土壤混合样流转至检测机构的时间不应超过 4 天，制备完成的农产品干样流转至检测机构的时间不应超过 7 天，制备完成的农产品鲜样经冷链方式（<4℃，避光）运输流转至检测机构的时间不应超过 2 天。

3．样品交接

制样单位应安排专人负责样品交接工作，该样品交接负责人应清楚样品交接要求及交接核查内容。

样品交接时，双方交接负责人可自行协商确定交接形式，通过现场交接或视频交接等方式均可，送样人和收样人均需清点核实样品，并逐个检查全部样品，利用手持终端扫码确认、记录样品交接信息，打印"样品交接单"（附表 2-15），双方签字并各自留存一份。具体交接核查内容包括但不限于以下几个方面：

- 样品量是否符合要求；
- 样品粒径是否明显存在问题；
- 样品包装是否完好无损，样品有无被污损；
- 样品标签是否清晰可辨；
- 样品流转的时间跨度是否符合要求；
- 农产品样品是否发生腐烂霉变或生虫等。

对于被检测机构退回的不合格样包，制样单位应于 7 天内重新提供样品（启用备用样品）。

附表 2-1　制样量、包装标签、装运流转要求

样品类别	点位类型	制样量	包装及标签	装运要求	流转时长/天
土壤样品	普通循环监测点	10 目送检样 200 g、国库样 250 g、100 目送检样 25 g、平行样 25 g、互检样 25 g、备用样 25 g	用牛皮纸袋或塑料瓶进行分装,转码并粘贴标签;封包,粘贴标签	无	≤4
	耕地地力监测点	10 目送检样 500 g、国库样 250 g、100 目送检样 25 g、平行样 25 g、互检样 25 g、备用样 25 g	用牛皮纸袋或塑料瓶进行分装,转码并粘贴标签;封包,粘贴标签	无	≤4
农产品干样	普通循环监测点	国库样 250 g、60 目送检样 25 g	用牛皮纸袋或塑料瓶进行分装,转码并粘贴标签;封包,粘贴标签	无	≤7
	耕地地力监测点	国库样 250 g、60 目送检样 25 g	用牛皮纸袋或塑料瓶进行分装,转码并粘贴标签;封包,粘贴标签	无	≤7
	农药监测点	国库样 250 g、60 目送检样 25 g、60 目送检样 100 g	用牛皮纸袋或塑料瓶进行分装,转码并粘贴标签;封包,粘贴标签	无	≤7
农产品鲜样	普通循环监测点	200 mL 送检样 1 瓶	用聚乙烯瓶盛装,转码并粘贴标签;封包,粘贴标签	冷链运输	≤2
	耕地地力监测点	200 mL 送检样 1 瓶	用聚乙烯瓶盛装,转码并粘贴标签;封包,粘贴标签	冷链运输	≤2
	农药监测点	200 mL 送检样 2 瓶	用聚乙烯瓶盛装,转码并粘贴标签;封包,粘贴标签	冷链运输	≤2

附表 2-2　制样计划

制样单位					制样人员			
制样单位负责人					制样单位负责人联系方式			
制样小组责任分工					制样注意事项			
序号	样品编码	样品类型	点位类型	样品目数	制样量	计划制样时间	是否如期启动	推迟制样原因	拟制样时间
1		土壤	普通循环监测点	100 目	25 g	年月日	是 ☑ 否□		
2		小麦	耕地地力监测点	60 目	25 g	年月日	是□ 否☑	交接时退回样品	年月日
3									
…									

附表 2-3 晾晒场所信息统计表

制样单位：_____　　　　　　　　　负责人：_____

序号	晾晒场所					烘干设备			
	位置	面积/m²	样品架数量/个	托盘数量/个	场所照片	是否使用烘干设备	数量/（台/套）	是否通过检定	检定证书
1	☑室内 ☐室外	100	30	50	☒	☑是 ☐否	10	☑是 ☐否	☒
2	☑室内 ☐室外	100	30	50	☒	☑是 ☐否	10	☑是 ☐否	☒
3	☑室内 ☐室外	100	30	50	☒	☑是 ☐否	10	☑是 ☐否	☒
...									

附表 2-4 晾晒场所数据记录表

记录时间	☐ 室内环境自然风干 ☐ 室外有遮挡（无阳光直射）场所风干		☐ 使用风干或烘干设备			记录人员签名
	风干场所温度	风干场所湿度	烘干温度	烘干时间	样品数量	
____年 __月__日 __：___						

注：应首先确认并勾选样品风干方式；若在室内环境自然风干或在室外有遮挡（无阳光直射）的场所进行风干，则需每天每隔 2 小时记录一次风干场所的温度和湿度；若使用风干或烘干设备进行干燥，则应记录每次样品烘干的温度、时间及样品数量信息。

附表 2-5　制样场所及工具设备信息统计表

制样单位：_____　　　　　　　　　　　负责人：_____

序号	制样室	面积/m²	通风是否良好	土壤和农产品样品是否分开独立制备	制样工位		全方位摄像头	制样工具		制样设备	
					数量/个	是否有隔离		名称	数量/（个/套）	名称	数量/台
1	制样室1	100	☑是 □否	☑是 □否	10	☑是 □否	☑安装 □未安装	木搓板	5	脱粒机	2
2	制样室2	200	□是 ☑否	☑是 □否	20	□是 ☑否	☑安装 □未安装	木搓板	5	脱粒机	2
3	制样室3	300	☑是 □否	☑是 □否	30	☑是 □否	☑安装 □未安装	木搓板	5	脱粒机	2
…											

注：①制样工具包括木搓板、玛瑙/瓷研钵、搪瓷/木托盘、木碾、木槌、10目（孔径2 mm）尼龙样品筛、60目（孔径0.25 mm）尼龙样品筛、100目（孔径0.15 mm）尼龙样品筛。

②制样设备包括土壤研磨机（玛瑙或氧化锆）、鲜样制备用营养调理机、细胞破壁机及脱粒机、砻谷机等。

附表 2-6　磨样机器性能测试空白试验记录表（土壤样品）

制样单位：_____　　　　　　　　　　　试验日期：　　年　月　日

检测指标	第一份样品			第二份样品			第三份样品			平均相对误差/%
	检测值/（mg/kg）		相对误差/%	检测值/（mg/kg）		相对误差/%	检测值/（mg/kg）		相对误差/%	
	机器磨样	人工磨样	δ_1	机器磨样	人工磨样	δ_2	机器磨样	人工磨样	δ_3	$\bar{\delta}$
总镉										
总汞										
总砷										
总铅										
总铬										
总铜										
总锌										
总镍										

附表 2-7 磨样机器性能测试空白试验记录表（农产品样品）

制样单位：＿＿＿＿＿＿＿＿＿＿　　　　　　　　试验日期：　年　月　日

检测指标	第一份样品			第二份样品			第三份样品			平均相对误差/%
	检测值/（mg/kg）		相对误差/%	检测值/（mg/kg）		相对误差/%	检测值/（mg/kg）		相对误差/%	
	机器磨样	人工磨样	δ_1	机器磨样	人工磨样	δ_2	机器磨样	人工磨样	δ_3	$\bar{\delta}$
总镉										
总汞										
总砷										
总铅										
总铬										

附表 2-8 粒径试验记录表

制样单位：＿＿＿＿＿＿＿＿＿＿　　　　　　　　试验日期：　年　月　日

研磨时间/分钟	过筛残留量占样品总量的百分比/%								
	糙米			麦粒			玉米		
	试验1	试验2	试验3	试验1	试验2	试验3	试验1	试验2	试验3
过筛残留量占样品总量的百分比小于10%的研磨时间/分钟									
平均偏差									

附表 2-9　样品交接单

序号	交接时间	样品编码	样品类别	是否接收	拒收理由	拒收证据
1	20220101		土壤	☑是 □否		
2	20220101		土壤	□是 ☑否	样品包装破损	☒
3	20220101		水稻	□是 ☑否	农产品样品腐烂霉变或生虫	☒
…	20220101		玉米	□是 ☑否	样品包装破损;二维码模糊	☒

注:①交接时间,8 位数字,日期格式为"YYYYMMDD"。

②样品类别,若为土壤样品,填写"土壤"两字即可;若为农产品样品,则应明确具体的农产品类别,可选"水稻""小麦""玉米""蔬菜""水果""茶叶""其他"共计 7 项。

③是否接收,若选择"是",则后面"拒收理由""拒收证据"两项不需要填写;若选择"否",则后面"拒收理由"和"拒收证据"两项需要全部填写,不得空项。

④拒收理由,可单选或多选,具体理由如下:样品包装破损、样品标签模糊、样品存在污损、农产品样品发生腐烂霉变或生虫、流转时间过长等。拒收理由为多项时,各理由之间以分号";"分隔。

⑤拒收证据,上传能表明该样品或其包装状态的照片作为拒收证据。

附表 2-10　土壤样品制备原始记录表

制样人:　　　　　　　制样日期:　　　　　　　制样设备及编号:

样品编号	风干方式	制样环节	制样方式	制样开始/结束时间	制样前样品重量/g	制样后样品重量/g	制样人
	□自然风干 □设备风干	□粗制样 □细制样	□手工研磨 □仪器研磨	——:—— ——:——			
	□自然风干 □设备风干	□粗制样 □细制样	□手工研磨 □仪器研磨	——:—— ——:——			
	□自然风干 □设备风干	□粗制样 □细制样	□手工研磨 □仪器研磨	——:—— ——:——			
	□自然风干 □设备风干	□粗制样 □细制样	□手工研磨 □仪器研磨	——:—— ——:——			
	□自然风干 □设备风干	□粗制样 □细制样	□手工研磨 □仪器研磨	——:—— ——:——			
	□自然风干 □设备风干	□粗制样 □细制样	□手工研磨 □仪器研磨	——:—— ——:——			

附表 2-11　农产品样品制备原始记录表

序号	样品编号	样品类型/名称	干样制样方式		鲜样制样方式	保存方式	样品数量/(袋/瓶)	制样人
			风干：自然风干□　设备风干□ 制样：手工研磨□　机械研磨□		手工碎样□ 机械捣碎□	常温□ 低温□ 避光□		
			风干：自然风干□　设备风干□ 制样：手工研磨□　机械研磨□		手工碎样□ 机械捣碎□	常温□ 低温□ 避光□		
			风干：自然风干□　设备风干□ 制样：手工研磨□　机械研磨□		手工碎样□ 机械捣碎□	常温□ 低温□ 避光□		
			风干：自然风干□　设备风干□ 制样：手工研磨□　机械研磨□		手工碎样□ 机械捣碎□	常温□ 低温□ 避光□		
			风干：自然风干□　设备风干□ 制样：手工研磨□　机械研磨□		手工碎样□ 机械捣碎□	常温□ 低温□ 避光□		
			风干：自然风干□　设备风干□ 制样：手工研磨□　机械研磨□		手工碎样□ 机械捣碎□	常温□ 低温□ 避光□		
			风干：自然风干□　设备风干□ 制样：手工研磨□　机械研磨□		手工碎样□ 机械捣碎□	常温□ 低温□ 避光□		
			风干：自然风干□　设备风干□ 制样：手工研磨□　机械研磨□		手工碎样□ 机械捣碎□	常温□ 低温□ 避光□		

附表 2-12　质控样添加记录

添加批次样品编码范围	添加时间	密码平行样			定值质控样			互检样品			添加人
		添加序号	对应关系		添加序号	对应关系		添加序号	对应关系		
			原编码	现编码		原编码	现编码		原编码	现编码	
～	20220101	1 2 …			1 2 …			1 2 …			

附表 2-13　样品流转计划

序号	流转批次信息				样品装运信息			样品流转信息		样品交接信息				
	流转批次	批次样品份数	批次样品类型	样品编码范围	装运需求	所需物资	装运核查人	流转方式	路线及拟流转时间	拟交接时间	交接单位	交接单位地址	送样人及联系方式	接样人及联系方式
1														
2														
3														
...														

附表 2-14　样品装运情况确认表

序号	流转批次	样品箱号	样品编码	样品类型	样品重量是否符合要求	样品包装是否完好无损	样品标签是否完好整洁	样品编码是否完好正确	样品保存方式	防沾污措施	防破损措施	实际流转开始时间	目的地	应送达时限	核查负责人签字确认
1					是□ 否□	是□ 否□	是□ 否□	是□ 否□	常温□ 低温□ 避光□	有□＿ 无□	有□＿ 无□				
2															
3															
...															

交运单位：_____　　交运人：_____　　联系方式：_____

送达单位：_____　　联系人：_____　　联系方式：_____

承运单位：_____　　负责人：_____　　联系方式：_____

附表 2-15　样品交接单

序号	交接时间	样包编码	样品编码范围	样品类别	是否接收	拒收理由	有问题的样品编码	拒收证据
1	20220101		～	土壤	☑是 □否			
2	20220101		～	土壤	□是 ☑否	样品包装破损		☒
3	20220101		～	水稻	□是 ☑否	农产品样品腐烂霉变或生虫		☒
…			～	玉米	□是 ☑否	样品包装破损；二维码模糊		☒

注：①交接时间为 8 位数字，日期格式为"YYYYMMDD"。

②样包编码由"区域监测中心代码-省份代码-制样机构代码-样包流水号"4 个部分组成，以短横线"-"连接，其中，区域监测中心代码为 2 位大写字母，由监测任务发布机构统一确定；省份代码为各省级行政单元的行政区划代码，由 2 位阿拉伯数字构成，以最近一次国家统计局发布的行政区划代码为准；制样机构代码为 2 位大写字母，由区域监测中心自行确定，并向质控中心备案；样包流水号为 2 位阿拉伯数字，取值范围为 01～99。

③样品类别，若为土壤样品，填写"土壤"两字即可；若为农产品样品，则应注明确具体的农产品类别，可选"水稻""小麦""玉米""蔬菜""水果""茶叶""其他"共计 7 项。

④是否接收，若选择"否"，则后面"拒收理由""有问题的样品编码""拒收证据"3 项需要全部填写，不得空项。

⑤拒收理由可单选或多选，具体理由包括样品包装破损、样品编码模糊、样品存在污损、农产品样品发生腐烂霉变或生虫、样品状态不符合后续制备和检测要求、样品量过少等。拒收理由为多项时，各理由之间以分号"；"分隔。

⑥样品编码由对应的采样点位编码后加 1 位样品类别代码组成，当有多个样品出现问题时，按照样品编码中流水号（第三个字段）的顺序进行排列，不需要与前面的拒收理由一一对应。

⑦若有问题的样品仅有 1 个，则上传能表明该样品或其包装状态的照片作为拒收证据；若有问题的样品不止 1 个，则逐一对有问题的样品或其包装状态进行拍照，并以样品编码作为照片的文件名，待全部有问题的样品拍照完成后打包压缩，并将压缩文件上传，压缩文件名为样包编码。

第3章

土壤和农产品样品检测

3.1 目的和适用范围

本章明确了国家土壤环境监测网农产品产地土壤环境监测中土壤及农产品样品检测环节样品分析测试关键操作的技术方法和要求，适用于农产品产地环境监测工作中土壤及农产品样品分析测试工作。

3.2 工作流程

样品分析测试工作流程如图 3-1 所示。

3.3 操作步骤

3.3.1 检测计划

1. 检测任务接收

检测机构应及时接收样品检测任务（具体检测指标见附表 3-1），核实无误后确认检测任务清单。

2. 检测计划编制

检测机构根据所领取的检测任务，结合实际情况，制订并按时提交详细、合理的"样品检测计划"（附表 3-2），内容应包括任务部署、人员分工、时间节点、测样准备、样品交接、质量监督检查和注意事项等。

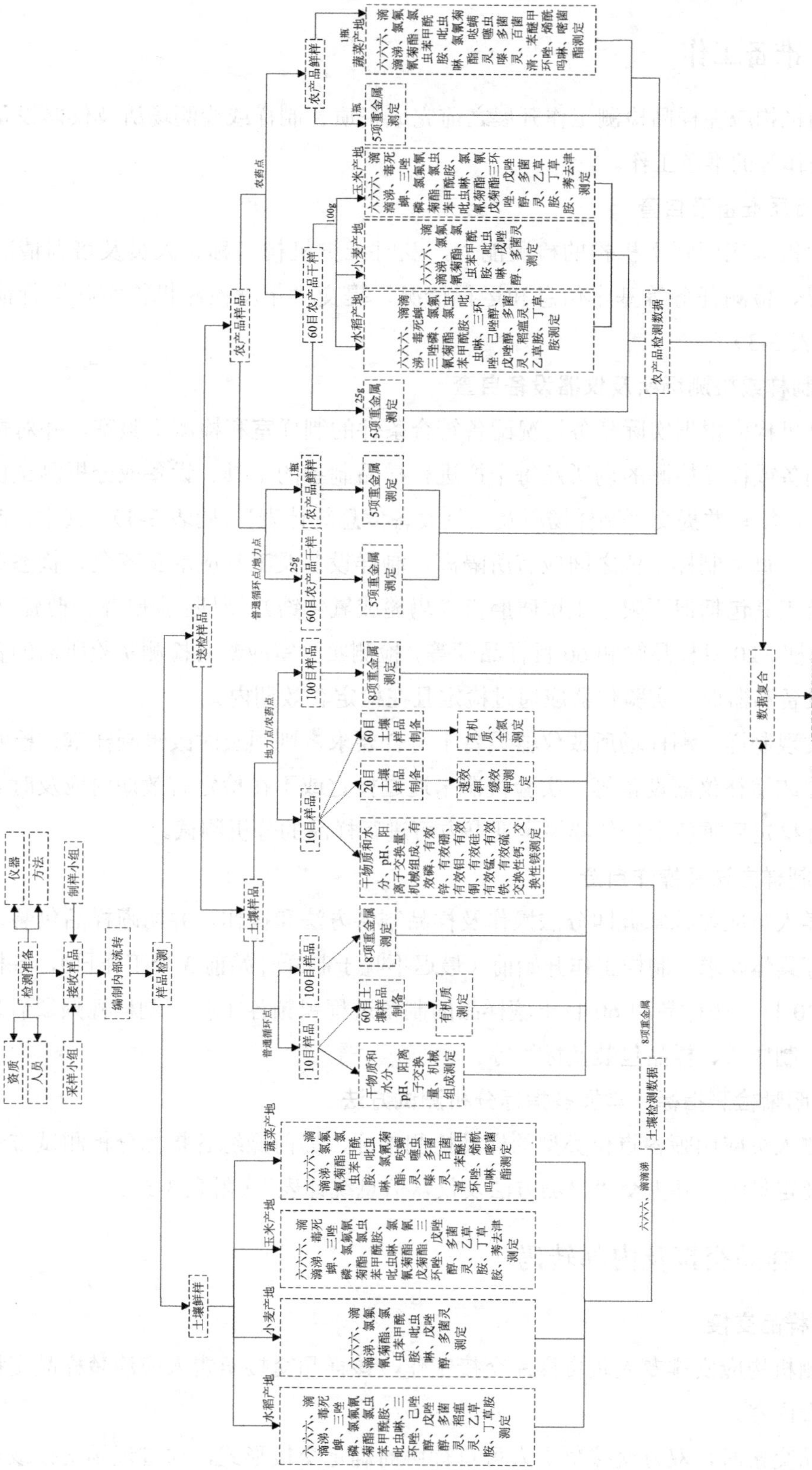

图 3-1　样品分析测试工作流程

3.3.2　准备工作

检测机构应在样品检测工作开展之前完成资质、制样或检测场所及仪器设备、制样方法及操作等的准备工作。

1．资质准备及自查

检测机构应明晰本机构的检测能力，及时维护机构名称、人员及培训情况、仪器设备情况、检测任务等基本信息和运行情况，提交"年度检测机构实际运行情况统计表"（附表 3-3）。

2．制样或检测场所及仪器设备自查

检测机构应根据实际任务情况配备符合条件的制样室和检测实验室，并对每个拟进行样品制备或样品检测的场所及每个拟进行样品制备的工具、设备或分析测试仪器逐一进行自查，填写并提交"制样场所及工具设备信息统计表"（附表 3-4）。其中，制样室应通风良好，每个制样工位之间应有所隔离，制样设备及工具应准备齐全、状态良好。制样设备及工具包括但不限于土壤研磨机（玛瑙或氧化锆）、玛瑙/瓷研钵、搪瓷/木托盘、木碾、木槌、20 目样品筛和 60 目样品筛等。检测实验室应配备检测实验所需的各项实验仪器、设备和器皿，实验仪器应通过检定且在检定有效期内。

若发现制样、测样场所或仪器设备不符合要求，则须及时改善制样室、检测实验室环境条件或增补仪器设备等。实验仪器未通过检定或不在检定有效期内应及时更换，或对其进行检定后重新上传仪器检定证书方可进行样品的分析测试。

3．制样方法及操作自查

制样人员应熟练掌握四分法操作及样品制备方法和操作，并明晰样品包装、标签、制样量等具体要求。制样工作开始前（最迟不晚于制样开始前 3 个工作日），各检测机构须上传 20 目土壤样品和 60 目土壤样品的制备过程视频各 1 份，制样视频须清楚反映制样工具、制样量、样品包装及标签等。

4．明晰检测指标、掌握各指标分析测试方法

检测人员应明晰各点位类型的样品检测指标，提前操练各指标分析测试方法，记录检出限及定量限，并提交"检测方法及仪器信息统计表"（附表 3-5）。

3.3.3　样品交接及内部转码

1．样品交接

检测机构应安排专人负责样品交接工作，该样品交接负责人应清楚样品交接要求及交接核查内容。

样品交接时，双方交接负责人可自行协商确定交接形式，通过现场交接或视频交接

等方式均可，送样人和收样人均需清点核实样品，并逐个检查全部样品，利用手持终端扫码确认、记录样品交接信息，打印"样品交接单"（附表 3-6），双方签字并各自留存一份。具体交接核查内容包括但不限于以下几个方面：

- 样品量是否符合要求；
- 样品粒径是否明显不合要求；
- 样品包装是否完好无损，样品有无被污损；
- 样品标签是否清晰可辨；
- 样品流转的时间跨度是否符合要求；
- 农产品样品是否发生腐烂霉变或生虫。

对不合格样品一律拍照留证，并按批次整包退回，在手持终端中说明拒收该样包的理由，并于 7 天内接收重新提供的样品。拒收理由可以是一项或多项原因，具体包括样品量过少、干样粒径明显不合要求、样品状态不符合后续制备和检测要求、样品包装破损、样品编码模糊、样品存在污损、农产品样品发生腐烂霉变或生虫、流转时间过长等。

2. 内部转码

样品在检测机构内部流转开始之前，检测机构可根据自身业务实际进行内部流转码的编制和应用，此过程非强制性环节。如进行，则需留存编码规则及"样品流转码关联记录表"（附表 3-7）。

3.3.4　样品制备

各检测机构应根据检测计划如期启动制样工作。样品制备应严格按照四分法操作，即将送检样品反复混合均匀后摊平成厚度均匀的扁平圆形，过圆心画十字线，四等分样品，取对角线两等分，如此继续缩分至所需数量为止。制样所用工具均应在处理每份样品前清理干净，严防交叉污染。制样具体操作过程如下：四分法缩分 10 目送检土壤样品至一定量，用研磨机（或手工）研磨至全部可通过 20 目筛或 60 目筛，充分混匀后用牛皮纸袋或塑料瓶进行分装，并粘贴标签。

3.3.5　样品分析测试

1. 土壤样品

（1）理化性质

①pH 检测方法

编制依据： 本方法依据《土壤检测　第 2 部分：土壤 pH 的测定》（NY/T 1121.2—2006）编制。

适用范围： 本方法适用于各类土壤的 pH 测定。

方法原理：当把 pH 玻璃电极和甘汞电极浸入土壤悬浊液时，就会构成电池反应，在两者之间产生一个电位差，由于参比电极和电位是固定的，因而该电位差的大小取决于试液中的氢离子活度，其负对数即 pH，在 pH 计上可以直接读出。

试剂和材料：

- 邻苯二甲酸氢钾（$C_8H_5O_4K$）；
- 磷酸氢二钠（Na_2HPO_4）；
- 磷酸二氢钾（KH_2PO_4）；
- 硼砂（$Na_2B_4O_7 \cdot 10H_2O$）；
- 氯化钾（KCl）；
- 去除二氧化碳（CO_2）的蒸馏水，其制备方法是，将水注入烧瓶中（水量不超过烧瓶体积的 2/3），煮沸 10 分钟，放置冷却，用装有碱石灰干燥管的橡皮塞塞紧，如要制备 10～20 L 较大体积的不含 CO_2 的水，可插入一玻璃管到容器底部，向水中通氮气 1～2 小时，以除去被水吸收的 CO_2；
- pH 为 4.01（25℃）的标准缓冲溶液，其制备方法是，称取 110～120℃烘干 2～3 小时的邻苯二甲酸氢钾 10.21 g，溶于水，移入 1 L 容量瓶中，用水定容，贮于塑料瓶；
- pH 为 6.87（25℃）的标准缓冲溶液，其制备方法是称取 110～130℃烘干 2～3 小时的磷酸氢二钠 3.53 g 和磷酸二氢钾 3.39 g，溶于水，移入 1 L 容量瓶中，用水定容，贮于塑料瓶；
- pH 为 9.18（25℃）的标准缓冲溶液，其制备方法是，称取经平衡处理的硼砂 3.80 g，溶于无 CO_2 的蒸馏水，移入 1 L 容量瓶中，用水定容，贮于塑料瓶；
- 硼砂的平衡处理，其方法是将硼砂放在盛有蔗糖和食盐饱和水溶液的干燥器内平衡两昼夜。

仪器和设备：酸度计、pH 玻璃电极-饱和甘汞电极或 pH 复合电极、搅拌器。

分析步骤：

- 仪器校准。将仪器温度补偿器调节到试液、标准缓冲溶液同一温度值。将电极插入 pH 为 4.01（25℃）的标准缓冲溶液中，调节仪器，使标准溶液的 pH 值与仪器标示值一致。移出电极，用水冲洗，以滤纸吸干，插入 pH 为 6.87（25℃）的标准缓冲溶液中，检查仪器读数，两校准溶液之间的允许绝对差值为 0.1 个 pH 单位。反复几次，直至仪器稳定。如超过规定允许差，则要检查仪器电极或标准液是否有问题。当仪器校准无误后，方可用于样品测定。
- 土壤水浸 pH 的测定。称取通过 2 mm 孔径筛的风干样品 10 g（精确值 0.01 g），放入 50 mL 的高型烧杯中，再加入去除 CO_2 的蒸馏水 25 mL（土液比为 1：2.5），用搅拌器搅拌 1 分钟，使土粒充分分散，放置 30 分钟后进行测定。将电极插入试样悬液中（注意玻璃电极球泡下部位于土液界面处，甘汞电极插入上部清液），轻轻转动烧杯以除去电极的水膜，促使快速平衡，静置片刻，按下读数开关，待读数稳定时记下 pH 值。放开读数开关，取出电极，以水洗净，用滤纸条吸干水分后即可进行第二个样品的测定。每测 5～6 个样品后须用标准溶液检查定位。

结果计算与表示：用酸度计测定 pH 时，可直接读取 pH 值，无须计算。

质量保证和质量控制：重复试验结果允许绝对差值——中性、酸性土壤≤0.1 个 pH 单位，碱性土壤≤0.2 个 pH 单位。

注意事项：一是长时间存放不用的玻璃电极需要在水中浸泡 24 小时，使之活化后才能使用。暂时不用的可浸泡在水中，长期不用时要干燥保存。玻璃电极表面受到污染时，需进行处理。甘汞电极腔内要充满饱和氯化钾溶液，在室温下应该有少许氯化钾结晶存在，但氯化钾结晶不宜过多，以防堵塞电极与被测溶液的通路。玻璃电极的内电极和球泡之间、甘汞电极内电极和多孔陶瓷末端芯之间不得有气泡。二是电极在悬液中所处的位置对测定结果有影响，要求将甘汞电极插入上部清液中，尽量避免与泥浆接触。三是 pH 读数时摇动烧杯会使读数偏低，要在摇动后稍加静止再读数。四是操作过程应避免酸碱蒸气侵入。五是标准溶液在室温下一般可保存 1～2 月，在 4℃冰箱中可延长保存期限。用过的标准溶液不要倒回原液中。发现浑浊、沉淀时，就不能再使用。六是温度会影响电极电位和水的电离平衡，测定时要用温度补偿调节至与标准缓冲液、待测试液温度保持一致。标准溶液 pH 随温度稍有变化，校准仪器时可参照表 3-1。七是在连续测量 pH＞7.5 的样品后，建议将玻璃电极在 0.1 mol/L 的盐酸溶液中浸泡一下，以防止电极出现由碱引起的响应迟钝。

表 3-1　不同温度下各标准缓冲溶液的 pH

温度/℃	pH		
	标准液 4.01	标准液 6.87	标准液 9.18
0	4.003	6.984	9.464
5	3.999	6.951	9.395
10	3.998	6.923	9.332
15	3.999	6.900	9.276
20	4.002	6.881	9.225
25	4.008	6.865	9.180
30	4.015	6.853	9.139
35	4.042	6.844	9.102

②有机质检测方法

编制依据：本方法依据《土壤检测　第 6 部分：土壤有机质的测定》（NY/T 1121.6—2006）编制。

适用范围： 本方法适用于有机质含量在 15% 以下的土壤。

方法原理： 在加热条件下，用过量的重铬酸钾（$K_2Cr_2O_7$）-硫酸（H_2SO_4）溶液氧化土壤有机碳，多余的重铬酸钾用硫酸亚铁（$FeSO_4$）标准溶液滴定，根据消耗的重铬酸钾量按氧化校正系数计算出有机碳量，再乘以常数 1.724，即土壤有机质含量。

仪器和设备：

- 电炉（1 000 W）；
- 硬质试管（ϕ 25 mm×200 mm）；
- 油浴锅，用紫铜皮做成或用高度为 15～20 cm 的铝锅代替，内装甘油（工业用）或固体石蜡（工业用）；
- 铁丝笼，其大小和形状与油浴锅配套，内有若干小格，每格内可插入一支试管；
- 自动调零滴定管；
- 温度计（300℃）。

试剂： 本试验方法所用试剂和水除特殊注明外，均指分析纯试剂和 GB/T 6682 中规定的三级水；所述溶液若未指明溶剂，均系水溶液。常用的溶液和试剂如下：

- 0.4 mol/L 重铬酸钾-硫酸溶液。其制备方法是，称取 40.0 g 重铬酸钾（化学纯）溶于 600～800 mL 水中，用滤纸过滤到 1 L 量筒内，用水洗涤滤纸并加水至 1 L，将此溶液转移入 3 L 大烧杯中。另取 1 L 密度为 1.83 g/cm 的浓硫酸（化学纯），慢慢地倒入重铬酸钾水溶液中，不断搅动。为避免溶液急剧升温，每加入约 100 mL 浓硫酸后可稍停片刻，并把大烧杯放在盛有冷水的大塑料盆内冷却，当溶液的温度降到不烫手时再加另一份浓硫酸，直到全部加完为止。此溶液浓度 c（1/6 $K_2Cr_2O_7$）=0.4 mol/L。

- 0.1 mol/L 硫酸亚铁标准溶液。其制备方法是，称取 28.0 g 硫酸亚铁（化学纯）或 40.0 g 硫酸亚铁铵（化学纯）溶解于 600～800 mL 水中，加浓硫酸（化学纯）20 mL 搅拌均匀，静止片刻后用滤纸过滤到 1 L 容量瓶内，再用水洗涤滤纸并加水至 1 L。此溶液易被空气氧化而致浓度下降，每次使用时应标定其准确浓度。0.1 mol/L 硫酸亚铁溶液的标定：吸取 0.100 0 mol/L 重铬酸钾标准溶液 20.00 mL 放入 150 mL 三角瓶中，加入浓硫酸 3～5 mL 和邻菲啰啉指示剂 3 滴，以硫酸亚铁溶液滴定，根据硫酸亚铁溶液消耗量即可计算出硫酸亚铁溶液的准确浓度。

- 重铬酸钾标准溶液。其制备方法是，准确称取 130℃烘干 2～3 小时的重铬酸钾（优级纯）4.904 g，先用少量水溶解，然后无损地移入 1 000 mL 容量瓶中，加水定容，此标准溶液浓度 c（1/6 $K_2Cr_2O_7$）=0.100 0 mol/L。

- 邻菲啰啉（$C_{12}HgN_2 \cdot H_2O$）指示剂。其制备方法是，称取邻菲啰啉 1.49 g 溶于含有 0.70 g $FeSO_4 \cdot 7H_2O$ 或 1.00 g $(NH_4)_2SO_4 \cdot FeSO_4 \cdot 6H_2O$ 的 100 mL 水溶液中。此指示剂易变质，应密闭保存于棕色瓶中。

测定步骤： 准确称取通过 0.25 mm 孔径筛的风干试样 0.05～0.5 g（精确到 0.000 1 g，称样量根据有机质含量范围而定），放入硬质试管中，然后从自动调零滴定管准确加入 10.00 mL 的 0.4 mol/L 重铬酸钾-硫酸溶液，摇匀并在每个试管口插入一玻璃漏斗。将试管逐个插入铁丝笼中，再将铁丝笼沉入已在电炉上加热至 185～190℃ 的油浴锅内，使管中的液面低于油面，要求放入后油浴温度下降至 170～180℃，等试管中的溶液沸腾时开始计时，此刻必须控制电炉温度，不能使溶液剧烈沸腾，其间可轻轻提起铁丝笼在油浴锅中晃动几次，以使液温均匀，并维持在 170～180℃，（5±0.5）分钟后将铁丝笼从油浴锅内提出，冷却片刻，擦去试管外的油（蜡）液。把试管内的消煮液及土壤残渣无损地转入 250 mL 三角瓶中，用水冲洗试管及小漏斗，洗液并入三角瓶中，使三角瓶内溶液的总体积控制在 50～60 mL。加 3 滴邻菲啰啉指示剂，用硫酸亚铁标准溶液滴定剩余的 $K_2Cr_2O_7$，溶液的变色过程是橙黄—蓝绿—棕红。如果滴定所用硫酸亚铁溶液的毫升数不到下述空白试验所耗硫酸亚铁溶液毫升数的 1/3，则应减少土壤称样量重测。每批分析时，必须同时做 2 个空白试验，即取大约 0.2 g 灼烧浮石粉或土壤代替土样，其他步骤与土样测定相同。

结果计算如下：

$$O.M = \frac{c \times (V_0 - V) \times 0.003 \times 1.724 \times 1.10}{m} \times 1\,000 \tag{3-1}$$

式中：$O.M$ —— 土壤有机质的质量分数，g/kg；

　　　V_0 —— 空白试验所消耗硫酸亚铁标准溶液体积，mL；

　　　V —— 试样测定所消耗硫酸亚铁标准溶液体积，mL；

　　　c —— 硫酸亚铁标准溶液的浓度，mol/L；

　　　0.003 —— 1/4 碳原子的毫摩尔质量，g；

　　　1.724 —— 由有机碳换算成有机质的系数；

　　　1.10 —— 氧化校正系数；

　　　m —— 称取烘干试样的质量，g；

　　　1 000 —— 换算成每千克含量。

平行测定结果用算术平均值表示，保留 3 位有效数字。

质量保证和质量控制： 表 3-2 给出了平行测定结果允许相差。

表 3-2　平行测定结果允许相差

有机质含量/（g/kg）	允许绝对相差/（g/kg）
<10	≤0.5
10～40	≤1.0
40～70	≤3.0
>70	≤5.0

注意事项： 一是氧化时，若加入 0.1 g 硫酸银粉末，氧化校正系数取 1.08；二是测定土壤有机质必须采用风干样品，因为水稻土及一些长期渍水的土壤有较多的还原性物质存在，可消耗重铬酸钾使结果偏高；三是本方法不宜用于测定含氯化物较高的土壤；四是加热时产生的 CO_2 气泡不是真正沸腾，只有在真正沸腾时才能开始计算时间。

③阳离子交换量检测方法

编制依据： 本方法依据《土壤　阳离子交换量的测定　三氯化六氨合钴浸提—分光光度法》（HJ 889—2017）编制。

适用范围： 本方法适用于土壤中阳离子交换量的测定。当取样量为 3.5 g、浸提液体积为 50.0 mL、使用 10 mm 光程比色皿时，本标准测定的阳离子交换量的方法检出限为 0.8 cmol$^+$/kg，测定下限为 3.2 cmol$^+$/kg。

方法原理： 在（20±2）℃条件下，用三氯化六氨合钴［$Co(NH_3)_6Cl_3$］溶液作为浸提液浸提土壤，土壤中的阳离子被其交换下来进入溶液。三氯化六氨合钴在 475 nm 处有特征吸收，吸光度与浓度成正比，根据浸提前后浸提液吸光度差值，计算土壤中的阳离子交换量。

干扰和消除： 当试样中溶解的有机质较多时，有机质在 475 nm 处也有吸收，影响阳离子交换量的测定结果。可同时在 380 nm 处测量试样吸光度，用来校正可溶有机质的干扰。假设 A_1 和 A_2 分别为试样在 475 nm 和 380 nm 处测量所得的吸光度，则试样校正吸光度（A）为 $A=1.025A_1-0.205A_2$。

试剂和材料： 除非另有说明，分析时均使用符合国家标准的分析纯试剂（实验用水为电导率小于 0.5 μS/cm 的蒸馏水或去离子水），包括三氯化六氨合钴（优级纯）、三氯化六氨合钴溶液{c[$Co(NH_3)_6Cl_3$]=1.66 cmol/L}。准确称取 4.458 g 三氯化六氨合钴溶于水中，定容至 1 000 mL，4℃低温保存。

仪器和设备：

- 分光光度计，配备 10 mm 光程比色皿；
- 振荡器，振荡频率可控制在 150～200 次/min；
- 离心机，转速可达 4 000 r/min，配备 100 mL 圆底塑料离心管（具密封盖）；
- 分析天平，感量为 0.001 g 和 0.01 g；
- 尼龙筛，孔径 1.7 mm（10 目）；
- 一般实验室常用仪器和设备。

测定步骤：

- 试样的制备。将风干样品过尼龙筛，充分混匀。称取 3.5 g 混匀后的样品置于 100 mL 离心管中，加入 50.0 mL 三氯化六氨合钴溶液，旋紧离心管密封盖，置于振荡器上，在（20±2）℃条件下振荡（60±5）分钟，调节振荡频率，使土壤浸提液混合物在振荡过程中保持悬浮状态。以 4 000 r/min 离心 10 分钟，收集上清液于比色管中，24 小时内完成分析。

● 空白试样的制备。用实验用水代替土壤，按照与试样的制备相同步骤进行实验室空白试样的制备。

● 标准曲线的建立。分别量取 0.00 mL、1.00 mL、3.00 mL、5.00 mL、7.00 mL、9.00 mL 三氯化六氨合钴溶液于 6 个 10 mL 比色管中，分别用水稀释至标线，三氯化六氨合钴的浓度分别为 0.000 cmol/L、0.166 cmol/L、0.498 cmol/L、0.830 cmol/L、1.16 cmol/L 和 1.49 cmol/L。用 10 mm 比色皿在波长 475 nm 处，以水为参比分别测量吸光度。以标准系列溶液中三氯化六氨合钴溶液的浓度（cmol/L）为横坐标，以其对应吸光度为纵坐标，建立标准曲线。

● 试样测定。按照与标准曲线的建立相同的步骤进行试样的测定。

● 空白试验。按照与试样测定相同的步骤进行空白试样的测定。

结果计算：

$$CEC = \frac{(A_0 - A) \times V \times 3}{b \times m \times w_{dm}} \tag{3-2}$$

式中：CEC —— 土壤样品阳离子交换量，cmol$^+$/kg；

A_0 —— 空白试样吸光度；

A —— 试样吸光度或校正吸光度；

V —— 浸提液体积，mL；

3 —— [Co(NH$_3$)$_6$]$^{3+}$ 的电荷数；

b —— 标准曲线斜率；

m —— 取样量，g；

w_{dm} —— 土壤样品干物质含量，%。

当测定结果小于 10 cmol$^+$/kg 时，保留小数点后 1 位；当测定结果大于或等于 10 cmol$^+$/kg 时，保留 3 位有效数字。

精密度和准确度： 从精密度来看，6 家实验室对含阳离子交换量为 5.5 cmol$^+$/kg、17.8 cmol$^+$/kg、29.4 cmol$^+$/kg 的统一样品进行了 6 次重复测定，实验室内相对标准偏差分别为 4.1%～5.6%、3.1%～5.0%、1.7%～3.6%，实验室间相对标准偏差分别为 7.9%、4.8%、2.0%，重复性限为 0.8 cmol$^+$/kg、2.1 cmol$^+$/kg、2.5 cmol$^+$/kg，再现性限为 1.4 cmol$^+$/kg、3.0 cmol$^+$/kg、2.8 cmol$^+$/kg；从准确度来看，6 家实验室对含阳离子交换量为（17.0±1.0）cmol$^+$/kg（编号 GB 0741a）和（31.0±1.0）cmol$^+$/kg（编号 GBW 07458）的有证标准物质进行了 6 次重复测定，相对误差分别为-1.8%～5.8%和 0.4%～2.4%，相对误差最终值分别为 2.5%±6.0%和 1.2%±1.8%。

质量保证和质量控制：每批样品应做标准曲线，标准曲线的相关系数不应小于 0.999；每批样品应至少做 10%的平行样，当样品数量少于 10 个时，平行样不少于 1 个。

④机械组成检测方法

编制依据：本方法依据《土壤检测　第 3 部分：土壤机械组成的测定》（NY/T 1121.3—2006）编制。

适用范围：本方法适用于各类土壤机械组成的测定。

方法原理：试样经处理制成悬浮液，根据司笃克斯定律，用特制的甲种土粒密度计于不同时间测定悬浮液密度的变化，并根据沉降时间、沉降深度及比重计读数计算出土粒粒径大小及其含量百分数。

仪器和设备：土壤比重计（刻度范围为 0～60 g/L）、沉降筒（1 L）、洗筛（直径 6 cm、孔径 0.2 mm）、带橡皮垫（有孔）的搅拌棒、恒温干燥箱、电热板、秒表。

试剂：

● 0.5 mol/L 六偏磷酸钠[(NaPO$_3$)$_6$]溶液，其制备方法是，称取 51.00 g 六偏磷酸钠（化学纯），加水 400 mL，加热溶解，冷却后用水稀释至 1 L，其浓度 $c[1/6(NaPO_3)_6]$ = 0.5 mol/L。

● 0.5 mol/L 草酸钠（Na$_2$C$_2$O$_4$）溶液，其制备方法是，称取 33.50 g 草酸钠（化学纯），加水 700 mL，加热溶解，冷却后用水稀释至 1 L，其浓度 c（1/2Na$_2$C$_2$O$_4$）= 0.5 mol/L。

● 0.5 mol/L 氢氧化钠（NaOH）溶液，其制备方法是，称取 20.00 g 氢氧化钠（化学纯），加水溶解并稀释至 1 L。

分析步骤：

● 称样。称取 2 mm 孔径筛的风干试样 50.00 g，放入 500 mL 三角瓶中，加水润湿。

● 悬液的制备。根据土壤 pH 加入不同的分散剂（石灰性土壤加入 60 mL 的 0.5 mol/L 偏磷酸钠溶液，中性土壤加入 20 mL 的 0.5 mol/L 草酸钠溶液，酸性土壤加入 40 mL 的 0.5 mol/L 氢氧化钠溶液），再加水于三角瓶中，使土液体积约为 250 mL。瓶口放一个小漏斗，摇匀后静置 2 小时，然后放在电热板上加热，微沸 1 小时，在煮沸过程中要经常摇动三角瓶，以防土粒沉积于瓶底结成硬块。将孔径为 0.2 mm 的洗筛放在漏斗中，再将漏斗放在沉降筒上，待悬液冷却后，通过洗筛将悬液全部进入沉降筒，直至筛下流出的水清澈为止，但洗水量不能超过 1 L，然后加水至 1 L 刻度。留在洗筛上的砂粒用水洗入已知质量的铝盒内，在电热板上蒸干后移入烘箱，于（105±2）℃烘 6 小时，冷却后称量（精确至 0.01 g），并计算砂粒含量百分数。

● 测量悬液温度。将温度计插入有水的沉降筒中，并将其与装待测悬液的沉降筒放在一起，记录水温，即代表悬液的温度。

● 测定悬液密度。将盛有悬液的沉降筒放在温度变化小的平台上，用搅拌棒上下搅动 1 分钟（上下各 30 次，搅拌棒的多孔片不要提出液面）。搅拌时，悬液若产生气泡影响比重计刻度观测，可加数滴 95%乙醇除去气泡，搅拌完毕后立即开始计时，于读数前 10～15 秒轻轻将比重计垂直地放入悬液，并用手略微夹住比重计的玻杆，使之不上下左右晃动，测定开始沉降后 30 秒、1 分钟、2 分钟时的比重计读数（每次皆以弯月面上缘为准）并记录，取出比重计放入清水中洗净备用。按规定的沉降时间继续测定 4 分钟、8 分钟、15 分钟、30 分钟及 1 小时、2 小时、4 小时、8 小时、24 小时等的比重计读数。每次读数前 15 秒将比重计放入悬液，读数后立即取出比重计，放入清水中洗净备用。

结果计算与表示：土壤自然含水量的计算见附录 A。烘干土质量的计算见式（3-3）：

$$烘干土质量（g）= \frac{风干试样质量}{试样自然含水量（g/kg）+1\,000} \times 1\,000 \qquad (3-3)$$

粗砂粒含量（2.0 mm≥D>0.2 mm）的计算见式（3-4）：

$$0.2～2.0\ mm\ 粗砂粒含量（\%）= \frac{留在0.2\ mm孔径筛上的烘干砂粒重量}{烘干试样质量} \times 100 \qquad (3-4)$$

0.2 mm 粒径以下小于某粒径颗粒的累积含量的计算见式（3-5）：

$$小于某粒径颗粒含量（\%）=$$

$$\frac{比重计读数+比重计刻度弯月面校正值+温度校正值-分散剂量}{烘干土样质量} \qquad (3-5)$$

0.2 mm 粒径以下小于某粒径颗粒的有效直径（D），可按司笃克斯公式［式（3-6）］计算：

$$D = \sqrt{\frac{1\,800\eta}{981(d_1-d_2)} \times \frac{L}{T}} \qquad (3-6)$$

式中：D —— 土粒直径，mm；

d_1 —— 土粒密度，g/cm³；

d_2 —— 水的密度，g/cm³；

L —— 土粒有效沉降深度，cm（可由图 3-2 查得）；

T —— 土粒沉降时间，s；

η —— 水的黏滞系数，g/（cm·s），见表 3-3；

981 —— 重力加速度，cm/s²。

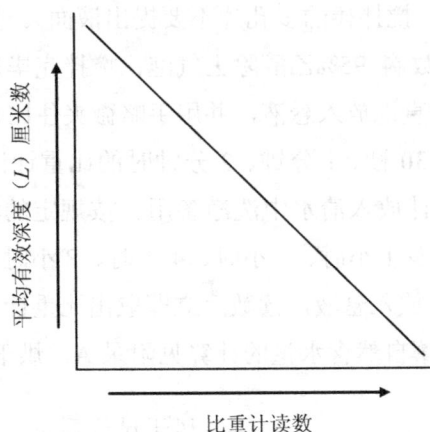

图 3-2　比重计读数与有效沉积深度关系

表 3-3　水的黏滞系数（η）

温度/℃	η / [g/（cm·s）]	温度/℃	η / [g/（cm·s）]
4	0.015 67	20	0.010 50
5	0.015 19	21	0.009 810
6	0.014 73	22	0.009 579
7	0.014 28	23	0.009 358
8	0.013 86	24	0.009 142
9	0.013 46	25	0.008 937
10	0.013 08	26	0.008 737
11	0.012 71	27	0.008 545
12	0.012 36	28	0.008 360
13	0.012 03	29	0.008 180
14	0.011 71	30	0.008 007
15	0.011 40	31	0.007 840
16	0.011 11	32	0.007 679
17	0.010 83	33	0.007 523
18	0.010 56	34	0.007 371
19	0.010 30	35	0.007 225

　　颗粒大小分配曲线的绘制方法是，根据筛分和比重计读数计算出的各粒径数值及相应土粒的累积百分数，以土粒累积百分数为纵坐标，土粒粒径数值为横坐标，在半对数纸上绘出颗粒大小分配曲线图。

　　通过计算各粒径级百分数确定土壤质地，具体方法是从图 3-3 中查出＜2.0 mm、＜0.2 mm、＜0.02 mm 及＜0.002 mm 各粒径累积百分数，上下两级相减即得到 2.0 mm≥

$D>0.02\ mm$、$0.02\ mm \geqslant D > 0.002\ mm$、$D<0.002\ mm$ 各粒级的百分含量。

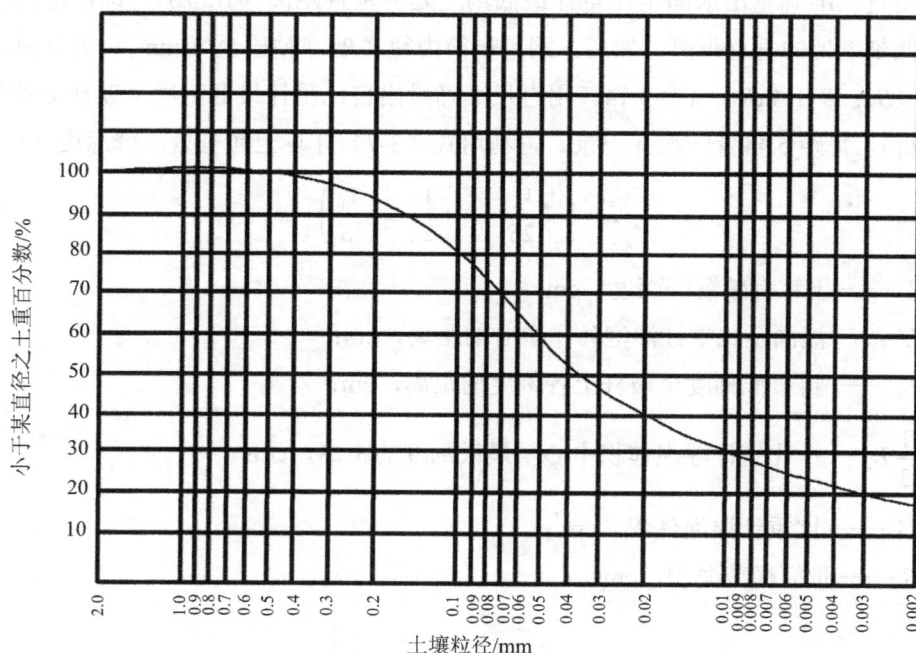

图 3-3　颗粒大小分配曲线

质量保证和质量控制：平行测定结果允许相差黏粒级≤3%、粉（砂）粒级≤4%。

注意事项：

一是对于土粒有效沉降深度（L）的校正。比重计读数不仅表示悬液密度，还表示土粒的沉降深度，即用由悬液表面至比重计浮泡体积中心距离（L'）来表示土粒的沉降深度。但在实验测定中，当比重计浸入悬液后会使液面升高，由读数（悬液表面和比重计相切处）至浮泡体积中心距离（L'）并非土粒沉降的实际深度（土粒有效沉降深度 L）。而且，不同比重计同样读数所代表的 L' 值因比重计形式及读数不同而有差别。因此，在使用比重计前就必须先进行土粒有效沉降深度（L）校正（图 3-4），求出比重计读数与土粒有效沉降深度的关系。校正步骤如下：首先，测定比重计浮泡体积。方法是取 500 mL 量筒，倒入约 300 mL 水，置于恒温室或恒温水槽内，使水温保持在 20℃，测量并记录量筒水面处的体积刻度（以弯月面下缘为准）。将比重计放入量筒中，使水面恰好达到比重计最低刻度处（以弯月面下缘为准），再测量并记录水面处的量筒体积刻度（以弯月面下缘为准），两者体积差即比重计浮泡的体积（V_b），连续两次，取其算术平均值作为 V_b 值（mL）。其次，测定比重计浮泡体积中心。方法是在上述 20℃恒温条件下，调节量筒内水面至某一刻度处，将比重计放入水中，当液面升起的容积达到 1/2 比重计浮泡体积时，此时水面

与浮泡相切（以弯月面下缘为准）处即浮泡体积中心线（图 3-4）。将比重计固定于三脚
架上，用直尺准确量出水面至比重计最低刻度处的垂直距离（1/2 L_2），即浮泡体积中心
线至最低刻度处的垂直距离。然后，测量量筒内径（R）（精确至 1 mm），并计算量筒横
截面积（S）：$S=1/4\pi R^2$，$\pi \approx 3.14$。用直尺准确量出自比重计最低刻度至玻杆上各刻度的
距离（L_1），每距 5 格量一次并记录。再利用式（3-7）计算土粒有效沉降深度（L）：

$$L = L' - \frac{V_b}{2S} = L_1 + \frac{1}{2}\left(L_2 - \frac{V_b}{S}\right) \tag{3-7}$$

式中：L —— 土粒有效沉降深度，cm；

L' —— 液面至比重计浮泡体积中心的距离，cm；

L_1 —— 自最低刻度至玻杆上各刻度的距离，cm；

$\frac{1}{2}L_2$ —— 比重计浮泡体积中心至最低刻度的距离，cm；

V_b —— 比重计浮泡体积，cm^3；

S —— 量筒横截面积，cm^2。

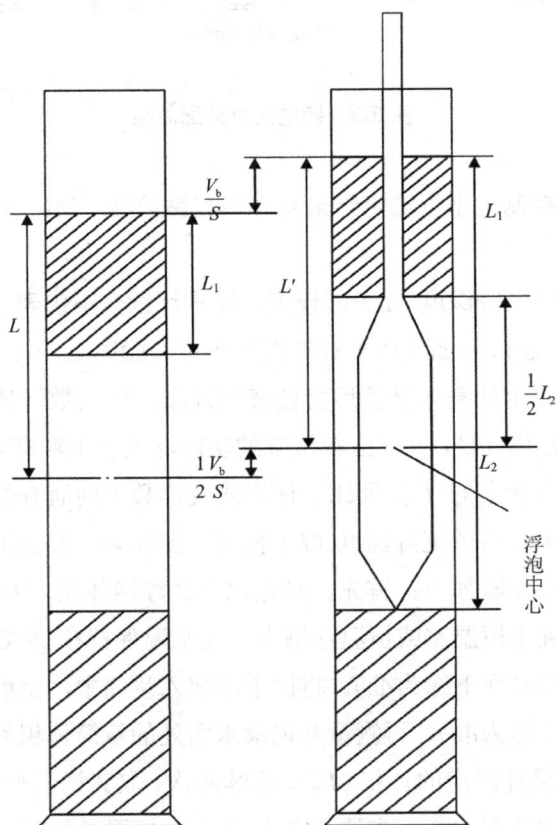

图 3-4　土粒沉降深度（L）校正

最后，绘制比重计读数与土粒有效沉降深度（L）的关系曲线。方法是用所量出的不同 L_1 值，计算出相应的 L 值，绘制比重计读数与土壤有效沉降深度（L）的关系曲线图。或将比重计读数直接列于司笃克斯公式列线图中有效沉降深度 L 列线的右侧。这样，就不仅可直接从曲线上把比重计读数换算出土粒有效沉降深度（L）值，而且可应用比重计读数等数值在司笃克斯公式列线图上查出相应的土粒直径（D）。

二是对于比重计刻度及弯月面的校正。比重计在应用前必须校验，此为刻度校正。另外，比重计的读数原以弯月面下缘为准，但在实际操作中，由于悬液浑浊不清而只能用弯月面上缘读数，所以弯月面校正实为必要。在校正时，刻度校正和弯月面校正可合并进行。校正步骤如下：首先，配制不同浓度的标准溶液。方法是根据表 3-4 第三行所列数值，准确称取经 105℃ 干燥过的氯化钠，配制氯化钠标准系列溶液（表 3-4 中第二行），定容于 1 000 mL 容量瓶中，分别倒入沉降筒。配制时液温保持在 20℃，可在恒温室外或恒温水槽中进行。其次，测定比重计实际读数。方法是将盛有不同氯化钠标准溶液的各个沉降筒放于恒温室或恒温水槽中，使液温保持在 20℃，用搅拌棒搅拌筒内溶液，使其分布均匀。将需要校正的比重计依次放入盛有各标准溶液（浓度从小到大）的沉降筒中，在 20℃ 下进行比重计实际读数（以弯月面上缘为准）的测定，连测两次，取平均值（表 3-4 中第五行）。比重计的理论读数（准确读数，表 3-4 中第一行）和实际平均读数（表 3-4 中第五行）之差，即刻度及弯月面校正值（表 3-4 中第六行）。在实际应用中要注意校正值的正负符号，以免弄错。最后，绘制比重计刻度及弯月面校正曲线图。方法是根据比重计的实际平均读数和校正值，以比重计的实际平均读数为横坐标、校正值为纵坐标，在方格坐标纸上绘制比重计刻度及弯月面校正曲线（图 3-5）。依据此曲线，可对用比重计进行颗粒分析时所得的各读数进行实际校正。

表 3-4　甲种比重计刻度及弯月面校正计算

20℃时比重计的准确读数/（g/L）	20℃时标准溶液浓度/（g/mL）	每升标准溶液中所需的氯化钠量/g	读数时的温度/℃	校正时由比重计测定的平均读数/（g/L）	刻度及弯月面校正值/（g/L）
0	0.998 232	0	20	−0.6	+0.6
5	1.001 349	4.56	20	4.0	+1.0
10	1.004 465	8.94	20	9.4	+0.6
15	1.007 582	13.30	20	15.1	−0.1
20	1.010 698	17.79	20	20.2	−0.2
25	1.013 815	22.30	20	25.0	0
30	1.016 931	26.73	20	29.5	+0.5
35	1.020 048	31.11	20	34.5	+0.5
40	1.023 165	35.61	20	39.7	+0.3
45	1.026 281	40.32	20	44.4	+0.6

20℃时比重计的准确读数/（g/L）	20℃时标准溶液浓度/（g/mL）	每升标准溶液中所需的氯化钠量/g	读数时的温度/℃	校正时由比重计测定的平均读数/（g/L）	刻度及弯月面校正值/（g/L）
50	1.029 398	44.88	20	49.4	+0.6
55	1.032 514	49.56	20	54.4	+0.6
60	1.035 631	54.00	20	60.3	−0.3

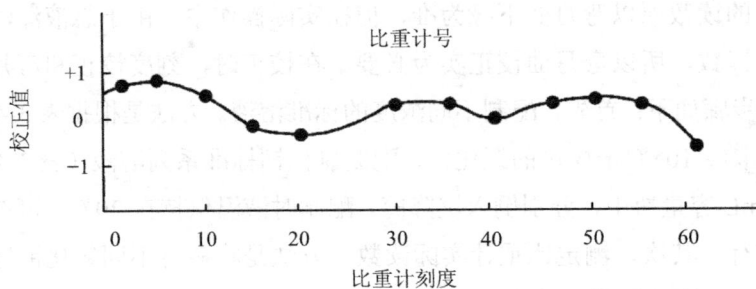

图 3-5　比重计刻度及弯月面校正曲线

　　三是对于温度的校正。土壤比重计都是在 20℃校正的。测定温度改变会影响比重计的浮泡体积及水的密度，一般根据表 3-5 进行校正。

表 3-5　甲种比重计温度校正

悬液温度/℃	校正值	悬液温度/℃	校正值	悬液温度/℃	校正值
6.0～8.5	−2.2	18.5	−0.4	26.5	+2.2
9.0～9.5	−2.1	19.0	−0.3	27.0	+2.5
10.0～10.5	−2.0	19.5	−0.1	27.5	+2.6
11.0	−1.9	20.0	0	28.0	+2.9
11.5～12.0	−1.8	20.5	+0.15	28.5	+3.1
12.5	−1.7	21.0	+0.3	29.0	+3.3
13.0	−1.6	21.5	+0.45	29.5	+3.5
13.5	−1.5	22.0	+0.6	30.0	+3.7
14.0～14.5	−1.4	22.5	+0.8	30.5	+3.8
15.0	−1.2	23.0	+0.9	31.0	+4.0
15.5	−1.1	23.5	+1.1	31.5	+4.2
16.0	−1.0	24.0	+1.3	32.0	+4.6
16.5	−0.9	24.5	+1.5	32.5	+4.9
17.0	−0.8	25.0	+1.7	33.0	+5.2
17.5	−0.7	25.5	+1.9	33.5	+5.5
18.0	−0.5	26.0	+2.1	34.0	+5.8

四是对于土粒密度的校正。比重计的刻度是将土粒密度为 2.65 作标准的。土粒密度改变时，可将比重计读数乘以表 3-6 所列校正值进行校正，如土粒密度差异不大，可忽略不计。

表 3-6 甲种比重计土粒密度校正

土粒密度	校正值	土粒密度	校正值	土粒密度	校正值	土粒密度	校正值
2.50	1.037 6	2.60	1.011 8	2.70	0.988 9	2.80	0.968 6
2.52	1.032 2	2.62	1.007 0	2.72	0.984 7	2.82	0.964 8
2.54	1.026 9	2.64	1.002 3	2.74	0.980 5	2.84	0.961 1
2.56	1.021 7	2.66	0.997 7	2.76	0.976 8	2.86	0.957 5
2.58	1.016 6	2.68	0.993 3	2.78	0.972 5	2.88	0.954 0

五是若不考虑比重计的刻度校正，在比重计法中做空白测定（在沉降筒中加入与样品所加相同量的分散剂，用蒸馏水加至 1 L，与待测样品同条件测定），计算时减去空白值，便可免去弯月面校正、温度校正和分散剂校正等步骤。

六是土壤颗粒分析的许多烦琐计算机绘图可由微机处理。

七是加入分散剂进行样品分散时，除使用煮沸法分散外，还可采用振荡法、研磨法进行处理。

（2）地力指标

①全氮

编制依据：本方法依据《土壤检测　第 24 部分：土壤全氮的测定　自动定氮仪法》（NY/T 1121.24—2012）编制。

适用范围：本方法适用于土壤全氮含量的测定。

方法原理：用高锰酸钾将样品中的亚硝态氮氧化为硝态氮后，再用还原铁粉使全部硝态氮还原，在加速剂的参与下，用浓硫酸消煮，经过高温分解反应，将各种含氮化合物转化为铵态氮，碱化后蒸馏出来的氨用硼酸（H_3BO_3）溶液吸收，用硫酸（或盐酸）标准溶液滴定，求出土壤全氮含量。自动定氮仪将蒸馏、滴定、结果显示或计算等功能合为一体自动完成。

仪器和设备：自动定氮仪、消煮炉（温度大于 400℃）、天平（感量为 0.000 1 g）、与自动定氮仪配套的玻璃弯颈小漏斗和消煮管。

试剂和材料：所有试剂除注明外，均为分析纯。分析用水应符合 GB/T 6682 中三级及以上水的规格要求。试验中所需标准滴定溶液、制剂及制品，在没有注明其他要求时均按《化学试剂　标准滴定溶液的制备》（GB/T 601—2016）、《化学试剂　试验方法中所用制剂及制品的制备》（GB/T 603—2002）的规定制备，具体如下：

- 硫酸（ρ=1.84 g/mL）；
- 辛醇（$C_8H_{18}O$）；
- 硫酸溶液（1+1）；
- 氢氧化钠溶液-1（c=10 mol/L）；
- 氢氧化钠溶液-2（c=0.1 mol/L）；

- 硼酸吸收溶液［ρ（H_3BO_3）= 10 g/L］，其制备方法是，将 10 g 硼酸溶于 950 mL 约 60℃的水中，冷却至室温后，每升硼酸溶液中加入甲基红-溴甲酚绿混合指示剂 5 mL，并用氢氧化钠溶液-2 调节至红紫色（pH 约为 4.5），定容至 1 L，此液放置时间不宜过长，如使用过程中 pH 有变化，需随时用稀酸或稀碱调节；

- 硫酸或盐酸标准滴定溶液［c（1/2 H_2SO_4）=0.02 mol/L 或 c（HCl）=0.02 mol/L］；

- 甲基红-溴甲酚绿混合指示剂，其制备方法是，将 0.5 g 溴甲酚绿和 0.1 g 甲基红置于玛瑙研钵中，加少量乙醇（体积分数为 95%）研磨至指示剂全部溶解后，用乙醇（体积分数为95%）定容至 100 mL；

- 高锰酸钾溶液［ρ（KMnO$_4$）= 50 g/L］，其制备方法是，将 25 g 高锰酸钾溶于 500 mL 去离子水，储于棕色瓶中；

- 还原铁粉（磨细通过孔径 0.15 mm 筛）；

- 加速剂，其制备方法是，将 100 g 硫酸钾、10 g 五水合硫酸铜、1 g 硒粉置于研钵中研细，充分混合均匀。

分析步骤：

- 样品制备。按《土壤检测　第 1 部分：土壤样品的采集、处理和贮存》（NY/T 1121.1—2006）的规定制备实验室样品。

- 水分含量的测定。按 NY/T 52 规定的方法测定试样水分含量。

- 消煮。对于不包括硝态氮和亚硝态氮的消煮，其方法是称取通过 0.25 mm 筛孔的风干土壤样品 1 g 左右（精确到 0.000 1 g，含氮约 1 mg），将该试样送入干燥的消煮管底部（勿将样品黏附在瓶壁上），滴入少量去离子水（0.5～1 mL）湿润试样后，加入 2 g 加速剂和 5 mL 硫酸，轻轻摇匀，在管口加回流装置或放置一弯颈玻璃小漏斗，置于消煮炉中低温加热，待管内反应缓和时（10～15 分钟）再将炉温升至 360～380℃（炉温以将温度计放置于消煮炉内实际测量的温度为准），并以硫酸蒸汽在瓶颈上部 1/3 处冷凝回流为宜。待消煮液和土粒全部变为灰白稍带绿色后，再继续消煮 1 小时。消煮完毕，冷却，待蒸馏。对于包括硝态氮和亚硝态氮的消煮，其方法是称取通过 0.25 mm 筛孔的风干土壤样品 1 g 左右（精确到 0.000 1 g，含氮约 1 mg），将该试样送入干燥的消煮管底部（勿将样品黏附在瓶壁上），加入 1 mL 高锰酸钾溶液，摇动消煮管，缓缓加入 2 mL 硫酸溶液，不断转动消煮管，然后放置 5 分钟，再滴入 1 滴辛醇。通过长颈漏斗将 0.5 g（±0.01 g）

还原铁粉送入消煮管底部，在管口加回流装置或放置一弯颈玻璃小漏斗，转动消煮管使铁粉与酸接触，待剧烈反应停止时（约 5 分钟）将消煮管置于消煮炉上缓缓加热 45 分钟（瓶内土液应保持微沸以不引起大量水分丢失为宜）。停止加热，待消煮管冷却后，通过长颈漏斗加入 2 g 加速剂和 5 mL 硫酸，摇匀。按不包括硝态氮和亚硝态氮的消煮步骤，消煮至土液全部变为黄绿色，再继续消煮 1 小时。消煮完毕，冷却，待蒸馏。

- 氨的蒸馏和滴定。参照仪器使用说明书，使用硫酸或盐酸标准滴定溶液，设定加入水 10～30 mL、氢氧化钠溶液 25 mL 和硼酸吸收溶液 20～30 mL，将消煮管置于自动定氮仪上进行蒸馏、滴定。

- 空白试验。采用空白溶液，其他步骤同试样溶液的测定。

结果计算与表示：土壤样品中的全氮（N）含量以质量分数ω计，数值以百分数（%）表示，按式（3-8）计算：

$$\omega = \frac{(V - V_0) \times C_H \times 0.014}{m(1 - f)} \times 100\%$$ （3-8）

式中：C_H —— 酸标准滴定溶液浓度，mol/L；

　　　V —— 滴定试样溶液所消耗的酸标准滴定液体积，mL；

　　　V_0 —— 滴定空白试样溶液所消耗的酸标准滴定液体积，mL；

　　　0.014 —— 氮的摩尔质量，kg/mol；

　　　m —— 风干试样质量，g；

　　　f —— 试样水分含量，%。

平行测定结果以算术平均值表示，保留小数点后 3 位。

质量保证和质量控制：平行测定结果允许绝对相差≤0.004%；不同实验室测定结果的绝对相差≤0.008%。

②有效磷

编制依据：本方法依据《土壤检测　第 7 部分：土壤有效磷的测定》（NY/T 1121.7—2014）编制。

适用范围：本方法适用于土壤有效磷含量的测定。

方法原理：利用氟化铵-盐酸溶液浸提酸性土壤中的有效磷，利用碳酸氢钠溶液浸提中性和石灰性土壤中的有效磷，所提取出的磷以钼锑抗比色法测定，计算得出土壤样品中的有效磷含量。

仪器和设备：电子天平、酸度计、紫外/可见分光光度计、恒温往复式振荡器、塑料瓶。

分析步骤：本方法所用试剂和水，在没有注明其他要求时均指分析纯试剂和GB/T 6682 中规定的一级水；所述溶液如未指明溶剂均系水溶液。试验中所需标准滴定溶液、制剂及制品，在没有注明其他要求时均按 GB/T 601、GB/T 603 的规定制备。

● 实验室样品制备。按 NY/T 1121.1 规定制备实验室样品。

● 试样 pH 的测定。按 NY/T 1121.2 规定进行。

对于酸性土壤试样（pH＜6.5）有效磷的测定，其所用试剂和溶液如下：

▶ 硫酸（ρ=1.84 g/mL）；

▶ 盐酸（ρ=1.19 g/mL）；

▶ 硫酸溶液（5%，V/V），其制备方法是，吸取 5 mL 硫酸缓缓加入 90 mL 水中，冷却后用水稀释至 100 mL；

▶ 酒石酸锑钾溶液（ρ=5 g/L），其制备方法是，称取酒石酸锑钾（$KSbOC_4H_4O_6 \cdot 1/2H_2O$）0.5 g 溶于 100 mL 水中；

▶ 硫酸钼锑贮备液，其制备方法是，称取 10.0 g 溶于 300 mL 约 60℃ 的水中，冷却，另量取 126 mL 硫酸缓缓倒入约 400 mL 水中，搅拌，冷却，然后将配制好的硫酸溶液缓缓倒入钼酸溶液中，再加入 100 mL 酒石酸钾钠溶液，冷却后用水定容至 1 L，摇匀，贮于棕色试剂瓶中；

▶ 钼锑抗显色剂，其制备方法是，称取 1.5 g 抗坏血酸（左旋，旋光度+21°～22°）溶于 100 mL 硫酸钼锑贮备液中，此溶液现配现用；

▶ 二硝基酚指示剂，其制备方法是，称取 0.2 g 2.4-二硝基酚或 2.6-二硝基酚溶于 100 mL 水中；

▶ 氨水溶液（1+3），其制备方法是，按氨水、水 1∶3 的体积比配制；

▶ 氟化铵-盐酸浸提剂，其制备方法是，称取 1.11 g 化溶于 400 mL 水中，加入 2.1 mL 盐酸，用水稀释至 1 L 贮存于塑料瓶中；

▶ 硼酸溶液（ρ=30 g/L），其制备方法是，称取 30.0 g 硼酸在 60℃ 左右的热水中溶解，冷却后稀释至 1 L；

▶ 磷标准贮备液［ρ（P）=100 mg/L］，其制备方法是，准确称取经 105℃ 烘干 2 小时的磷酸二氢钾（优级纯）0.439 4 g，用水溶解后加入 5 mL 硫酸，定容至 1 L；

▶ 磷标准溶液［ρ(P)=5 mg/L］，其制备方法是，吸取 5.00 mL 磷标准贮备液于 100 mL 容量瓶中，用水定容，摇匀后待用。

具体分析步骤如下：

▶ 有效磷的浸提，称取通过 2 mm 筛孔风干试样 5.00 g 置于 200 mL 塑料瓶中，加入（25±1）℃的氟化铵-盐酸浸提剂 50.00 mL，在（25±1）℃条件下振荡 30 分钟［振荡频率（180±20）r/min］，立即用无磷滤纸干过滤；

▶ 空白溶液的制备，除不加试样外，其他步骤同上；

▶ 标准曲线绘制，分别吸取磷标准溶液 0、1.00 mL、2.00 mL、4.00 mL、6.00 mL、

8.00 mL、10.00 mL 于 50 mL 容量瓶中，加入 10 mL 氟化铵-盐酸浸提剂，再加入 10 mL 硼酸溶液，摇匀，加水至 30 mL，再加入二硝基酚指示剂 2 滴，用硫酸溶液或氨水溶液调节溶液刚呈微黄色，加入钼锑抗显色剂 5.00 mL，用水定容至刻度，充分摇匀，即得含磷 0、0.10 mg/L、0.20 mg/L、0.40 mg/L、0.60 mg/L、0.80 mg/L、1.00 mg/L 的磷标准系列溶液，在室温高于 20℃条件下静置 30 分钟后，用 1 cm 光径比色皿在波长 700 nm 处以标准溶液的零点调零后进行比色测定，绘制标准曲线；

▶ 测定，吸取试样溶液 10.00 mL 于 50 mL 容量瓶，加入 10 mL 硼酸溶液，摇匀，加水至 30 mL 左右，再加入二硝基酚指示剂 2 滴，用硫酸溶液和氨水溶液调节溶液刚显微黄色，加入钼锑抗显色剂 5.00 mL，用水定容，在室温高于 20℃条件下静置 30 分钟，用 1 cm 光径比色皿在波长 700 mm 处以标准溶液的零点调零后进行比色测定，若测定的磷质量浓度超出标准曲线范围，则应用浸提剂将试样溶液稀释后重新比色测定，同时进行空白溶液的测定。

对于中性、石灰性土壤试样（pH≥6.5）有效磷的测定，其所用试剂和溶液如下：

▶ 氢氧化钠溶液（ρ=100 g/L），其制备方法是，称取 10 g 氢氧化钠溶于 100 mL 水中；

▶ 碳酸氢钠浸提剂，其制备方法是，称取 42.0 g 碳酸氢钠（$NaHCO_3$）溶于约 950 mL 水中，用氢氧化钠溶液调节 pH 至 8.5，用水稀释至 1 L 贮存于聚乙烯瓶或玻璃瓶中备用，如贮存期超过 20 天，使用时必须检查并校准 pH；

▶ 酒石酸锑钾溶液（ρ=3 g/L），其制备方法是，称取酒石酸锑钾（$KSbOC_4H_4O_6 \cdot 1/2H_2O$）0.30 g 溶于 100 mL 水中；

▶ 钼锑贮备液，其制备方法是，称取 10.0 g 钼酸铵溶于 300 mL 约 60℃的水中，冷却，另量取 181 mL 硫酸，缓缓倒入约 800 mL 水中，搅拌，冷却，然后将配制好的硫酸溶液缓缓倒入钼酸铵溶液中，再加入 100 mL 酒石酸锑钾溶液，冷却后用水定容至 2 L，摇匀，贮于棕色试剂瓶中；

▶ 钼锑抗显色剂，其制备方法是，称取 0.5 g 抗坏血酸（左旋，旋光度+21°～22°）溶于 100 mL 钼锑贮备液中，此溶液现配现用。

具体分析步骤如下：

▶ 有效磷的浸提，称取通过 2 mm 筛孔风干试样 2.50 g，置于 200 mL 塑料瓶中，加入（25±1）℃的碳酸氢钠浸提剂 50.00 mL，其他步骤同酸性土壤试样有效磷的浸提；

▶ 空白溶液的制备，除不加试样外，其他步骤同上；

▶ 标准曲线的绘制，分别吸取磷标准溶液 0、0.50 mL、1.00 mL、2.00 mL、3.00 mL、4.00 mL、5.00 mL 于 25 mL 容量瓶中，加入碳酸氢钠浸提剂 10.00 mL、钼锑抗显色剂 5.00 mL，慢慢摇动，排出 CO_2 后加水定容，即得含磷 0、0.10 mg/L、0.20 mg/L、0.40 mg/L、0.60 mg/L、0.80 mg/L、1.00 mg/L 的磷标准系列溶液，在室温高于 20℃条件下静置 30 分

钟后，用 1 cm 光径比色皿在波长 880 nm 处以标准溶液的零点调零后进行比色测定，绘制标准曲线；

► 测定，吸取试样溶液 10.00 mL 于 50 mL 容量瓶或锥形瓶中，缓慢加入钼锑抗显色剂 5.00 mL，慢慢摇动，排出 CO_2，再加入 10.00 mL 水，充分摇匀，逐净 CO_2，在室温高于 20℃ 条件下静置 30 分钟后，用 1 cm 光径比色皿在波长 880 nm 处以标准溶液的零点调零后进行比色测定，若测定的磷质量浓度超出标准曲线范围，则应用浸提剂将试样溶液稀释后重新比色测定，同时进行空白溶液的测定。

结果计算与表示： 土壤样品中有效磷（P）含量以质量分数 ω 计，数值以毫克每千克（mg/kg）表示，按式（3-9）计算：

$$\omega = \frac{(\rho - \rho_0) \times V \times D}{m \times 1\,000} \times 1\,000 \tag{3-9}$$

式中：ρ —— 从标准曲线求得的显色液中磷的浓度，mg/L；

ρ_0 —— 从标准曲线求得的空白试样中磷的浓度，mg/L；

V —— 显色液体积，mL；

D —— 分取倍数，试样浸提剂体积与分取体积之比；

m —— 试样质量，g；

1 000 —— 将 mL 换算成 L 和将 g 换算成 kg 的系数。

平行测定结果以算术平均值表示，保留小数点后 1 位。

质量保证和质量控制： 表 3-7 给出了平行测定结果允许差。

表 3-7 平行测定结果允许差

测定值（P）/（mg/kg）	允许差
＜10	绝对差值＜0.5 mg/kg
10～20	绝对差值≤1.0 mg/kg
＞20	相对相差≤5%

③速效钾和缓效钾

编制依据： 本方法依据《土壤速效钾和缓效钾含量的测定》（NY/T 889—2004）编制。

适用范围： 本方法适用于各类土壤速效钾和缓效钾含量的测定。

方法原理： 土壤速效钾含量的测定方法是以中性 1 mol/L 乙酸铵溶液浸提，用火焰光度计测定；土壤缓效钾含量的测定方法是以 1 mol/L 热硝酸浸提，用火焰光度计测定，此为酸溶性钾含量，减去速效钾含量后为缓效钾含量。

试剂和材料：

对于土壤速效钾含量的测定，其所用试剂和材料如下：

- 乙酸铵溶液 [c（CH_3COONH_4）=1.0 mol/L]，其制备方法是，称取 77.08 g 乙酸溶于近 1 L 水中，用稀乙酸（CH_3COOH）或氨水（1+1）（$NH_3 \cdot H_2O$）调节 pH 为 7.0，用水稀释至 1 L，该溶液不宜久放；

- 钾标准溶液 [c（K）=100 μg/mL]，其制备方法是，称取经 110℃ 烘 2 小时的氯化钾 0.190 7 g，溶于乙酸铵溶液中，并用该溶液定容至 1 L。

对于土壤缓效钾含量的测定，其所用试剂与材料如下：

- 硝酸溶液-1 [c（HNO_3）=1 mol/L]，其制备方法是，量取 62.5 mL 浓硝酸（HNO_3，$\rho \approx 1.42$ g/mL，化学纯）稀释至 1 L；

- 硝酸溶液-2 [c（HNO_3）=0.1 mol/L]，其制备方法是，量取 100.0 mL 硝酸溶液-1 稀释至 1 L；

- 钾标准溶液 [c（K）=100 μg/mL]，其制备方法是，称取经 110℃ 烘干 2 小时的氯化钾 0.190 7 g，溶于水中，稀释至 1 L。

仪器和设备： 往复式振荡机（振荡频率满足 150～180 r/min）、火焰光度计、油浴或磷酸浴。

分析步骤：

- 土壤速效钾含量的测定。称取通过 1 mm 孔径筛的风干土试样 5 g（精确至 0.01 g），放入 200 mL 塑料瓶（或 100 mL 三角瓶）中，加入 50.0 mL 乙酸铵溶液（土液比为 1：10），盖紧瓶塞，在 20～25℃ 下以 150～180 r/min 的频率振荡 30 分钟，干过滤。滤液直接在火焰光度计上测定，同时做空白试验。对于标准曲线的绘制，先分别吸取钾标准溶液体积 0、3.00 mL、6.00 mL、9.00 mL、12.00 mL、15.00 mL 于 50 mL 容量瓶中，用乙酸铵溶液定容，即浓度为 0、6 μg/mL、12 μg/mL、18 μg/mL、24 μg/mL、30 μg/mL 的钾标准系列溶液，再以钾浓度为 0 的溶液调节仪器零点，用火焰光度计测定，最后绘制标准曲线或求回归方程。

- 土壤缓效钾含量的测定。称取通过 1 mm 孔径筛的风干土样 2.5 g（精确至 0.01 g），放入消煮管中，加入 25.0 mL 硝酸溶液-1（土液比为 1：10），轻轻摇匀，在瓶口插入弯颈小漏斗，可将多个消煮管置于铁丝笼中，放入温度为 130～140℃ 的油浴（或磷酸浴）中，于 120～130℃ 煮沸（从沸腾开始准确计时）10 分钟后取下，稍冷，趁热干过滤于 100 mL 容量瓶中，用硝酸溶液-2 洗涤消煮管 4 次，每次 15 mL，冷却后定容，用火焰光度计测定，同时做空白试验。对于标准曲线的绘制，先分别吸取钾标准溶液体积 0、3.00 mL、6.00 mL、9.00 mL、12.00 mL、15.00 mL 于 50 mL 容量瓶中，加入 15.5 mL 硝酸溶液-1 定容，即浓度为 0、6 μg/mL、12 μg/mL、18 μg/mL、24 μg/mL、30 μg/mL 的钾标准系列溶液，再以钾浓度为 0 的溶液调节仪器零点，用火焰光度计测定，最后绘制标准曲线或求回归方程。

结果计算与表示：

● 土壤速效钾含量的结果计算。土壤速效钾含量以钾（K）的质量分数 ω_1 计，数值以毫克每千克（mg/kg）表示，按式（3-10）计算：

$$\omega_1 = \frac{c_1 \times V_1}{m_1} \tag{3-10}$$

式中：c_1 —— 查标准曲线或求回归方程而得待测液中钾的浓度数值，µg/mL；

V_1 —— 浸提剂体积的数值，mL；

m_1 —— 试样的质量的数值，g。

取平行测定结果的算术平均值为测定结果，结果取整数。

● 土壤缓效钾含量的结果计算。土壤缓效钾含量以钾（K）的质量分数 ω_2 计，数值以毫克每千克（mg/kg）表示，按式（3-11）计算：

$$\omega_2 = \frac{c_2 \times V_2}{m_2} - \omega_1 \tag{3-11}$$

式中：c_2 —— 查标准曲线或求回归方程而得待测液中钾的浓度数值，µg/mL；

V_2 —— 浸提剂体积的数值，mL；

m_2 —— 试样的质量的数值，g；

ω_1 —— 测定的速效钾含量的数值，mg/kg。

取平行测定结果的算术平均值为测定结果，结果取整数。

质量保证和质量控制： 平行测定结果的相对相差不大于 8%，不同实验室测定结果的相对相差不大于 15%。

④有效态锌、锰、铁、铜

编制依据： 本方法依据《土壤　8 种有效态元素的测定　二乙烯三胺五乙酸浸提-电感耦合等离子体发射光谱法》（HJ 804—2016）编制。

适用范围： 本方法适用于土壤锌、锰、铁、铜有效态元素的测定。当取样量为 10.0 g、浸提液体积为 20 mL 时，方法检出限和测定下限见表 3-8。

表 3-8　方法检出限和测定下限　　　　　　　　　　　　单位：mg/kg

元素	铜	铁	锰	锌
方法检出限	0.005	0.04	0.02	0.04
测定下限	0.02	0.16	0.08	0.16

方法原理： 用二乙烯三胺五乙酸-氯化钙-三乙醇胺（DTPA-CaCl$_2$-TEA）缓冲溶液浸提出土壤中的各有效态元素，用电感耦合等离子体发射光谱仪测定其含量。试样由载气带入雾化系统进行雾化后，以气溶胶形式进入等离子体，目标元素在等离子体火炬中被气化、电离、激发并辐射出特征谱线。在一定浓度范围内，其特征谱线强度与元素的浓度成正比。

干扰和消除：

● 光谱干扰。光谱干扰包括谱线重叠干扰和连续背景干扰等。选择合适的分析线可避免谱线重叠干扰，表 3-9 为待测元素在建议分析波长下的主要光谱干扰。使用仪器自带的校正软件或干扰系数法来校正光谱干扰，当存在单元素干扰时，可按式（3-12）求得干扰系数。

$$K_t = \frac{Q' - Q}{Q_t} \tag{3-12}$$

式中：K_t —— 干扰系数；

Q' —— 在分析元素波长位置测得的含量，$\mu g/L$；

Q —— 分析元素的含量，$\mu g/L$；

Q_t —— 干扰元素的含量，$\mu g/L$。

通过配制一系列已知干扰元素含量的溶液，在分析元素波长的位置测定其 Q'，根据公式求出 K_t，然后进行人工扣除或计算机自动扣除。连续背景干扰一般用仪器自带的扣除背景的方法消除。注意不同仪器测定的干扰系数会有区别。

表 3-9　待测元素的主要光谱干扰

待测元素	波长/nm	干扰元素	待测元素	波长/nm	干扰元素
Cu	324.754 327.396	Fe、Al、Ti、Mo	Cd	214.438	Fe
Fe	239.924	Cr、W		226.502	Fe、Ni、Ti、Ce、K、Co
	240.488	Mo、Co、Ni		228.806	As、Co、Sc
	259.940	Mo、W	Co	228.616	Ti、Ba、Cd、Ni、Cr、Mo、Ce
	261.762	Mg、Ca、Be、Mn		230.768	Fe、Ni
Mn	257.610	Fe、Mg、Al、Ce		238.892	Al、Fe、V、Pb
	293.306	Al、Fe	Ni	231.604	Fe、Co
Zn	202.548	Co、Mg		221.647	W
	206.200	Ni、La、Bi	Pb	220.353 283.306	Fe、Al、Ti、Co、Ce、Sn、Bi
	213.856	Ni、Cu、Fe、Ti			

● 非光谱干扰。非光谱干扰主要包括化学干扰、电离干扰、物理干扰及去溶剂干扰等。在实际分析过程中，各类干扰很难截然分开。是否予以补偿和校正，与样品中干扰元素的浓度有关。此外，物理干扰一般由样品的黏滞程度及表面张力变化而致，尤其是样品中含有大量可溶性盐或样品酸度过高都会对测定产生干扰。消除或降低此类干扰的有效方法是稀释法或基体匹配法（除目标物外，使用的标准溶液的组分与试样溶液一致）。

试剂和材料： 除非另有说明，分析时均使用符合国家标准的分析纯试剂，试验用水为新制备的去离子水或同等纯度的水。

● 三乙醇胺（$C_6H_{15}NO_3$）：TEA。

● 二乙烯三胺五乙酸（$C_{14}H_{23}N_3O_{10}$）：DTPA。

● 二水合氯化钙（$CaCl_2 \cdot 2H_2O$）。

● 盐酸：ρ（HCl）=1.19 g/mL，优级纯。

● 硝酸：ρ（HNO_3）=1.42 g/mL，优级纯。

● 盐酸溶液：1+1，用盐酸配制。

● 硝酸溶液-1：2+98，用硝酸配制。

● 硝酸溶液-2：1+1，用硝酸配制。

● 浸提液：c（TEA）=0.1 mol/L，c（$CaCl_2$）=0.01 mol/L，c（DTPA）=0.005 mol/L，pH 为 7.3。在烧杯中依次加入 14.92 g（精确至 0.000 1 g）三乙醇胺、1.967 g（精确至 0.000 1 g）二乙烯三胺五乙酸、1.470 g（精确至 0.000 1 g）二水合氯化钙，加入水并搅拌使其完全溶解，继续加水稀释至约 800 mL，用盐酸溶液调整 pH 为 7.3±0.2（用 pH 计测定），转移至 1 000 mL 容量瓶中定容至刻度，摇匀。

● 标准溶液：单元素标准储备液可用高纯度的金属（纯度大于 99.99%）或金属盐类（基准或高纯试剂）配制成 1 000 mg/L 或 500 mg/L 含盐溶液的标准储备溶液，溶液的盐酸含量在 1%（V/V）以上，也可购买市售有证标准物质；单元素标准使用液分别移取单元素标准储备液稀释配制，稀释时补加一定量的盐酸溶液-1，使标准使用液的盐酸含量在 1%（V/V）以上；多元素标准溶液ρ=200 mg/L，可稀释单元素标准储备溶液配制，稀释时添加一定量的盐酸溶液，使标准使用液的盐酸含量在 1%（V/V）以上，也可购买市售有证标准物质。所有元素的标准溶液配制后，均应在聚乙烯或聚丙烯瓶中密封保存。

● 载气：氩气（纯度≥99.99%）。

仪器和设备： 电感耦合等离子体发射光谱仪，具背景校正发射光谱计算机控制系统；振荡器，频率可控制在 160~200 r/min；pH 计，分度为 0.1pH；分析天平，精度为 0.000 1 g 和 0.01 g；离心机，3 000~5 000 r/min；离心管，50 mL；具塞三角瓶，100 mL；中速定量滤纸；一般实验室常用仪器和设备。

测定步骤：

● 试样的制备。称取通过 2.0 mm 孔径筛的风干样品 10.0 g（准确至 0.01 g），置于 100 mL 三角瓶。加入 20.0 mL 浸提液，将瓶塞盖紧。在（20±2）℃条件下以 160～200 r/min 的振荡频率振荡 2 小时。将浸提液缓慢倾入离心管中，于离心机离心 10 分钟，上清液经中速定量滤纸重力过滤后于 48 小时内进行测定。若测定所需的浸提液体积较大，可适当增加取样量，但应保证样品和浸提液比为 1∶2（m/v），同时应使用与之体积匹配的浸提容器，以确保样品的充分振荡。

● 空白试样的制备。不加样品，按照与试样的制备相同的步骤制备实验室空白试样。

● 分析步骤。首先，明确仪器测定参考条件。不同型号的仪器最佳测试条件不同，应按照仪器使用说明书优化 RF 功率、雾化器压力、载气流速、冷却气流速等工作参数（表 3-10）。其次，绘制标准曲线。点燃等离子体后，按照厂家提供的工作参数进行设定，待仪器预热至各项指标稳定后开始进行测量。分别移取一定体积的多元素标准溶液置于一组 100 mL 容量瓶中，用浸提液稀释定容至刻度，混匀。以浸提液为标准系列的最低浓度点，另制备至少 5 个浓度点的标准系列（表 3-11）。按优化的仪器参考条件将标准系列依次从低浓度到高浓度导入雾化器进行分析。以目标元素的质量浓度为横坐标、其对应的发射强度值为纵坐标建立标准曲线。标准曲线的浓度范围可根据实际样品中待测元素的浓度情况进行调整。再次，测定试样。试样测定前，用硝酸溶液冲洗系统直至仪器信号降至最低，待分析信号稳定后方能开始测定。按照与建立标准曲线相同的条件和步骤进行试样的测定。若试样中待测元素的浓度超出标准曲线范围，则试样须经稀释以后重新测定，稀释液使用浸提液，稀释倍数为 f。最后，测定空白试样。按照与试样的测定相同的条件和步骤测定实验室空白试样。

表 3-10　仪器测定参考条件

元素	检测波长/nm	次检测波长/nm	RF功率/W	雾化器压力/psi	载气流速/（L/min）	冷却气流速/（L/min）	测定次数/次
铜	324.754	327.396					
铁	259.940	239.924	1 100	55	1.4	19	3
锰	257.610	293.306					
锌	213.856	202.548					

表 3-11　标准系列溶液浓度　　　　　　　　　　　　　单位：mg/L

元素	c_0	c_1	c_2	c_3	c_4	c_5
Cu	0.00	0.25	0.50	1.00	2.00	4.00
Fe	0.00	5.00	10.0	20.0	40.0	80.0
Mn	0.00	2.00	5.00	10.0	20.0	30.0
Zn	0.00	0.20	0.50	1.00	2.00	4.00

结果计算与表示：土壤样品中各有效态元素的含量（mg/kg）按照式（3-13）计算。

$$\omega = \frac{(\rho - \rho_0) \times V \times f}{m \times W_{dm}} \tag{3-13}$$

式中：ω —— 土壤样品中有效态元素的含量，mg/kg；

　　　ρ —— 由标准曲线查得测定试样中有效态元素的质量浓度，mg/L；

　　　ρ_0 —— 实验室空白试样中有效态元素的质量浓度，mg/L；

　　　V —— 试样制备时加入浸提液的体积，mL；

　　　f —— 试样的稀释倍数；

　　　m —— 称取过筛后样品的质量，g；

　　　W_{dm} —— 土壤样品干物质含量，%。

测定结果小数位数的保留与方法检出限一致，最多保留 3 位有效数字。

精密度和准确度：精密度方面，6 家实验室分别对 3 个不同含量水平的统一土壤标准样品和 2 个不同浓度的实际土壤样品进行了 6 次平行测定，测定结果的精密度见附录 B；准确度方面，6 家实验室分别对 3 个不同含量水平的土壤有证标准样品进行了 6 次平行测定，对 2 个不同浓度的实际土壤样品进行了 6 次加标回收率测定，测定结果的准确度见附录 C。

质量保证和质量控制：每批样品至少做 2 个实验室空白试样，其测定结果均应低于测定下限；每次分析应建立标准曲线，其相关系数应≥0.999，每 20 个样品或每批次（少于 20 个样品/批）样品，应分析 1 个标准曲线中间浓度点，其测定结果与实际浓度值相对偏差应≤10%，否则应查找原因或重新建立标准曲线；每批样品至少按 10%的比例进行平行双样测定，样品数量少于 10 个时，应至少测定 1 个平行双样，平行双样测定结果的相对偏差应≤20%；每批样品至少分析 1 个有证土壤有效态标准物质，测定结果应在其给出的不确定度范围内。此外，还有以下**注意事项**：实验所用的玻璃器皿须用硝酸溶液-2浸泡 24 小时，依次用自来水和实验用水冲洗干净，置于干净的环境中晾干，新使用或疑似受污染的容器应用热的盐酸溶液浸泡（温度高于 80℃，低于沸腾温度）2 小时以上，并用热的硝酸溶液-2 浸泡 2 小时以上，依次用自来水和实验用水冲洗干净，置于干净的环境中晾干；仪器点火后应预热 30 分钟以上，以防波长漂移；配制标准溶液和制备试样时应使用同一批配制的浸提液。

⑤有效硼

编制依据： 本方法依据《土壤检测 第 8 部分：土壤有效硼的测定》（NY/T 1121.8—2006）编制。

适用范围： 本方法适用于各类土壤中有效硼含量的测定。

方法提要： 土壤中有效硼采用沸水提取，提取液用 EDTA 消除铁离子、铝离子的干扰，用高锰酸钾消褪有机质的颜色后，在弱酸性条件下以甲亚胺-H 比色法测定提取液中的硼量。

试剂和溶液： 本试验方法所用试剂和水，除特殊注明外，均指分析纯试剂和 GB/T 6682 中规定的一级水；所述溶液如未指明溶剂，均系水溶液。常用的试剂和溶液如下：

- 硫酸镁溶液 $[\rho(MgSO_4 \cdot 7H_2O) = 1\ g/L]$，其制备方法是，称取 1.0 g 硫酸镁 $(MgSO_4 \cdot 7H_2O)$ 溶于水中，稀释至 1 L；

- 酸性高锰酸钾溶液（现用现配），其制备方法是，高锰酸钾溶液 $[c(KMnO_4) = 0.2\ mol/L]$ 与硫酸溶液（1+5，优级纯）等体积混合；

- 抗坏血酸（左旋，旋光度+21～+22℃）溶液 $[\rho(C_6H_8O_6)=100\ g/L]$（现用现配），其制备方法是，称取 1.0 g 抗坏血酸溶于 10 mL 水中；

- 甲亚胺溶液 $[\rho=9\ g/L]$，其制备方法是，称取 0.90 g 甲亚胺和 2.00 g 抗坏血酸溶解于微热的 60 mL 水中，稀释到 100 mL；

- 缓冲溶液（pH 为 5.6～5.8），其制备方法是，称取 250 g 乙酸铵 (CH_3COONH_4) 和 10.0 g EDTA 二钠盐 $(C_{10}H_{14}O_8N_2Na_2 \cdot 2H_2O)$，微热溶于 250 mL 水中，冷却后用水稀释到 500 mL，再加入 80 mL 硫酸溶液（1+4，优级纯），摇匀（用酸度计检查 pH）；

- 混合显色剂，其制备方法是，量取 3 体积甲亚胺溶液和 2 体积缓冲溶液混合（现用现配）；

- 硼标准溶液 $[\rho(B)=0.1\ g/L]$，其制备方法是，称取 0.571 9 g 干燥的硼酸 $(H_3BO_3$，优级纯）溶于水中，移入 1 L 容量瓶中，加水定容，即含硼（B）100 mg/L 的标准贮备溶液，立即移入干燥洁净的塑料瓶中保存，将此溶液准确稀释成含硼（B）10 mg/L 的标准溶液备用（存于塑料瓶中）；

- 标准系列溶液制备，其制备方法是，准确吸取含硼 10 mg/L 的标准溶液 0、0.50 mL、1.00 mL、2.00 mL、3.00 mL、4.00 mL、5.00 mL 于 7 个 50 mL 容量瓶中，用水定容，即含硼 0、0.10 mg/L、0.20 mg/L、0.40 mg/L、0.60 mg/L、0.80 mg/L、1.00 mg/L 的校准系列溶液，贮于塑料瓶中。

仪器和设备：分光光度计、石英或其他无硼锥形瓶（250 mL）、石英回流冷凝装置、离心机（3 000～5 000 r/min）。

分析步骤：

● 试液制备。称取通过 2 mm 孔径尼龙筛的风干试样 10 g（精确至 0.01 g），放入 250 mL 石英或无硼玻璃锥形瓶中，加入 20.00 mL 硫酸镁溶液，装好回流冷凝器，文火煮沸并微沸 5 分钟（从沸腾时准确计时）。取下三角瓶，稍冷，一次倾入滤纸上过滤（或离心），滤液承接于塑料杯中（最初滤液浑浊时可弃去）。同时做空白试验。

● 显色和测定。吸取滤液 4.00 mL 于 10 mL 比色管中，加入 0.5 mL 酸性高锰酸钾溶液，摇匀，放置 2～3 分钟，加入 0.5 mL 抗坏血酸溶液，摇匀，待紫红色消褪且褐色的二氧化锰沉淀完全溶解后加入 5.00 mL 混合显色剂，摇匀，放置 1 小时后于波长 415 nm 处用 2 cm 光径比色皿以校准曲线的零浓度调节仪器零点，读取吸光度。

● 绘制校准曲线。分别准确吸取含硼 0、0.10 mg/L、0.20 mg/L、0.40 mg/L、0.60 mg/L、0.80 mg/L、1.00 mg/L 的标准系列溶液 4.00 mL 于 10 mL 比色管中，与试液同条件显色、比色。读取吸光度，绘制校准曲线或求出一元直线回归方程。

结果计算与表示：有效硼的含量以质量分数（mg/kg）表示，按式（3-14）计算。

$$\omega(B)=\frac{m_1 \times D}{m \times 10^3} \times 1\,000 \tag{3-14}$$

式中：$\omega(B)$ —— 土壤有效硼的质量分数，mg/kg；

m_1 —— 由校准曲线查得显色液中硼的含量，μg；

m —— 试样质量，g；

10^3 和 1 000 —— 换算系数；

D —— 分取倍数，20/4。

重复试验结果用算术平均值表示，保留 2 位小数。

质量保证和质量控制：表 3-12 给出了重复试验结果允许绝对相差。

表 3-12　重复试验结果允许绝对相差　　　　　　　　单位：mg/kg

有效硼含量	允许绝对相差
＜0.2	≤0.03
0.2～0.3	≤0.05
＞0.5	≤0.06

注意事项：甲亚胺系在水溶液中显色，灵敏度虽较姜黄素法为低，但操作较简便快速，可利用自动分析仪代替手工操作，也适合较高浓度范围的测定；本方法用的硫酸必须是优级纯或高纯试剂；测定中，甲亚胺的用量、显色酸度、显色温度等对测定有一定

影响，必须严格按方法的规定进行。此外，甲亚胺的制备方法如下：称取 H 酸钠盐 20 g 于 100 mL 烧杯中，加水 50 mL，加（1+4）盐酸 1 mL，搅拌均匀，微热至 50℃，作为 a 液；另取水杨醛 6～6.5 mL 于小烧杯中，加乙醇 6 mL，作为 b 液；在不断搅拌下，将 b 液加入 a 液中，继续搅拌 10～20 分钟，放置过夜。将沉淀物移入布氏漏斗，抽气过滤，用乙醇洗涤沉淀物 4～5 次，每次 5～10 mL，直至洗出液为浅黄色。将沉淀物连同漏斗移入恒温干燥箱中，于 100～105℃烘 2～3 小时，在干燥器中冷却后移入干净的容器中密封保存。

⑥有效钼

编制依据：本方法依据《土壤检测 第 9 部分：土壤有效钼的测定》（NY/T 1121.9—2012）编制。

适用范围：本方法适用于土壤中有效钼含量的测定。

方法提要：样品经草酸-草酸铵溶液浸提，加入硝酸-高氯酸-硫酸破坏草酸盐，消除铁的干扰，采用极谱仪测定试液波峰电流值，通过有效钼含量与波峰电流值的标准曲线计算试液中有效钼的含量。

仪器和设备：极谱仪、恒温往复式振荡器、电热板、与极谱仪配套的高型烧杯。

试剂和材料：本试验方法所用试剂和水，除特殊注明外，均指分析纯试剂和 GB/T 6682 中规定的二级水；所述溶液如未指明溶剂，均系水溶液。常用的试剂和材料如下：

- 高氯酸（ρ=1.66 g/mL，优级纯）；
- 硝酸（ρ=1.42 g/mL，优级纯）；
- 硫酸（ρ=1.84 g/mL，优级纯）；
- 盐酸（ρ=1.19 g/mL，优级纯）；
- 草酸-草酸铵浸提剂，其制备方法是，称取 24.9 g 草酸铵［$(NH_4)_2C_2O_4 \cdot H_2O$，优级纯］和 12.6 g 草酸（$H_2C_2O_4 \cdot 2H_2O$，优级纯）溶于水，定容至 1 L，pH 为 3.3，定容前用 pH 计校准；
- 苯羟乙酸（苦杏仁酸）溶液{c［$C_6H_5CH(OH)COOH$］=0.5 mol/L}，其制备方法是，称取 7.6 g 苯羟乙酸溶于水中，定容至 100 mL，现配现用；
- 硫酸溶液［c（$1/2H_2SO_4$）］ = 2.5 mol/L］，其制备方法是，称取 75 mL 的硫酸缓缓注入 800 mL 水中，冷却后定容至 1 L；
- 饱和氯酸钾溶液（$KClO_3$），其制备方法是，称取 6.70 g 氯酸钾（优级纯）溶于水中，定容至 100 mL；
- 钼标准贮备溶液［ρ（Mo）=100 µg/mL］，其制备方法是，称取 0.252 2 g 钼酸钠（$Na_2MoO_4 \cdot 2H_2O$，优级纯）溶于水中，加入 1 mL 盐酸，移入 1 L 容量瓶中，定容；
- 钼标准溶液［ρ（Mo）=1 µg/mL］，其制备方法是，吸取钼标准贮备溶液 5.00 mL 于 500 mL 容量瓶中，定容。

分析步骤：

● 样品制备。按 NY/T 1121.1 的规定制备通过 2 mm 孔径筛的风干土壤样品。

● 试液制备。称取土壤样品 5.00 g 于 200 mL 聚乙烯塑料瓶中，加入 50 mL 草酸-草酸铵浸提剂，盖紧瓶塞，在 20～25℃条件下振荡 30 分钟［振荡频率为（180±20）r/min］后，放置 10 小时，干过滤，弃去最初滤液。

● 试样测定。吸取 1.00 mL 滤液于高型烧杯中，于通风橱内电热板上低温蒸发至干。取下烧杯，向蒸干的残渣中依次加入 2 mL 硝酸、4 滴高氯酸和 2 滴硫酸，然后置于通风橱内已预热的电热板（温度约 250℃）上，加热至白烟消失，取下烧杯冷却。依次加入 1 mL 硫酸溶液、1 mL 苯羟乙酸溶液、8 mL 饱和氯酸钾溶液摇匀，30 分钟后用极谱仪测定。如试样中有效钼含量超出标准曲线范围，则应用浸提剂稀释试液后重新测定。

● 空白试验。除不加试样外，其他步骤按试液制备和试样测定操作。

● 标准曲线绘制。分别吸取钼标准溶液 0、0.50 mL、1.00 mL、2.00 mL、3.00 mL、4.00 mL 于 100 mL 容量瓶中，用水定容，即含钼（Mo）0、0.005 μg/mL、0.010 μg/mL、0.020 μg/mL、0.030 μg/mL、0.040 μg/mL 的标准系列溶液。分别吸取 1.00 mL 含钼（Mo）0、0.005 μg/mL、0.010 μg/mL、0.020 μg/mL、0.030 μg/mL、0.040 μg/mL 的标准系列溶液于 6 个预先盛有 1.00 mL 草酸-草酸铵浸提剂的高型烧杯中，于通风橱内电热板上低温蒸发至干，其他步骤按试样测定操作，标准曲线和试样测定应在同一温度条件下进行，加入硫酸、苯羟乙酸、饱和氯酸钾后的试液应在 3.5 小时内完成测定。以钼质量（μg）为横坐标、相应的波峰电流值为纵坐标，绘制标准曲线。

结果计算与表示：土壤有效钼（Mo）的含量以质量分数（mg/kg）表示，按式（3-15）计算。

$$\omega(\text{Mo}) = \frac{(m_1 - m_0) \times D}{m \times 10^3} \times 1\,000 \tag{3-15}$$

式中：ω（Mo）——土壤有效钼的质量分数，mg/kg；

　　　m_0——从标准曲线上查得空白溶液的含钼量，μg；

　　　m_1——从标准曲线上查得试样溶液的含钼量，μg；

　　　m——风干试样质量，g；

　　　10^3 和 1 000——换算系数；

　　　D——分取倍数，50/1。

质量保证和质量控制：平行测定结果允许相对相差≤15%。

⑦有效硅

编制依据：本方法依据《土壤检测　第 15 部分：土壤有效硅的测定》（NY/T 1121.15—2006）编制。

适用范围： 本方法适用于各种类型水稻土中二氧化硅含量的测定，对酸性、中性及微碱性土壤具有较一致的浸提能力。

方法原理： 用柠檬酸作浸提剂，浸出的硅在一定酸度条件下与钼试剂生成硅钼酸，用草酸掩蔽磷的干扰后，硅钼酸可被抗坏血酸还原成硅钼蓝，在一定浓度范围内蓝色深浅与硅浓度成正比，从而可用比色法测定。

仪器和设备： 电热恒温箱、可见光分光光度计、塑料瓶（250 mL）。

试剂和材料：

- 二氧化硅（SiO_2，优级纯）；
- 硫酸（ρ =1.84 g/cm^3）；
- 钼酸铵［$(NH_4)_6Mo_7O_{24} \cdot 4H_2O$］；
- 草酸（$H_2C_2O_4 \cdot 2H_2O$）；
- 抗坏血酸（左旋，旋光度+ 21°～+22°）；
- 柠檬酸（$C_6H_8O_7 \cdot H_2O$）；
- 无水碳酸钠；
- 柠檬酸浸提剂［$c(C_6H_8O_7 \cdot H_2O)$=0.025 mol/L］，其制备方法是，称取柠檬酸 5.25 g 溶于水中，稀释至 1 L；
- 硫酸溶液［$c(1/2H_2SO_4)$=0.6 mol/L］，其制备方法是，吸取浓硫酸 16.6 mL 缓缓倒入约 800 mL 水中，冷却后稀释至 1 L；
- 硫酸溶液［$c(1/2H_2SO_4)$]=6 mol/L］，其制备方法是，吸取浓硫酸 166 mL 缓缓倒入约 800 mL 水中，冷却后稀释至 1 L；
- 钼酸铵溶液（50 g/L），其制备方法是，称取钼酸铵［$(NH_4)_6Mo_7O_{24} \cdot 4H_2O$］50.00 g 溶于水中，稀释至 1 L；
- 草酸溶液（50 g/L），其制备方法是，称取草酸（$H_2C_2O_4 \cdot 2H_2O$）50.00 g 溶于水中，稀释至 1 L；
- 抗坏血酸溶液（15 g/L），其制备方法是，称取抗坏血酸 1.5 g，用 6 mol/L 的硫酸溶液溶解并稀释至 100 mL，此液需随用随配；
- 硅标准溶液［$\rho(Si)$ = 1 g/L］，其制备方法是，准确称取经 920℃灼烧过的二氧化硅（SiO_2，优级纯）0.534 7 g 于铂坩埚中，加入无水碳酸钠 4 g，搅匀，在 920℃高温电炉中熔融 30 分钟，取出稍冷，将坩埚直立于 250 mL 烧杯中，盖上表面皿，从杯嘴处加热水溶解熔块，无损洗入 500 mL 容量瓶，水定容后立即倒入塑料瓶中存放，即含硅（Si）1 g/L 的标准贮备溶液，再将此溶液准确稀释成含硅（Si）25 mg/L 的标准溶液备用。

分析步骤：

- 绘制校准曲线。分别准确吸取含硅（Si）25 mg/L 的标准溶液 0、0.50 mL、1.00 mL、

2.00 mL、3.00 mL、4.00 mL、5.00 mL 于 50 mL 容量瓶中，加水稀释至约 20 mL。依次加入 0.6 mol/L 硫酸溶液 5 mL，在 30～35℃下放置 15 分钟，加钼酸铵溶液 5 mL，摇匀后放置 5 分钟，加入草酸溶液 5 mL、抗坏血酸溶液 5 mL，用水定容，放置 20 分钟后在分光光度计上 700 nm 波长处用 1 cm 光径比色皿比色。

- 试液制备。称取通过 2 mm 筛孔的风干试样 10 g（精确至 0.01 g）于 250 mL 塑料瓶中，加 0.025 mol/L 柠檬酸溶液 100 mL，塞好瓶塞，摇匀，于 30℃恒温箱中保温 5 小时，每隔 1 小时摇动一次，取出后再过滤。同时做空白试验。

- 比色。吸取上述滤液 1.00～5.00 mL［使含硅（Si）在 10～125 μg 范围内］于 50 mL 容量瓶中，加水稀释至 20 mL 左右，以下操作步骤同校准曲线。

结果计算与表示：有效硅（Si）的含量以质量分数（mg/kg）表示，按式（3-16）计算。

$$\omega(Si) = \frac{\rho \times V \times D}{m} \tag{3-16}$$

式中：$\omega(Si)$ —— 土壤有效硅的质量分数，mg/kg；

ρ —— 从校准曲线上查得显色液中硅的浓度，mg/L；

V —— 显色液体积，mL（本方法为 50 mL）；

D —— 分取倍数，100/5 = 20；

m —— 试样质量，g。

测定结果用重复试验的算术平均值表示，保留 2 位小数。

质量保证和质量控制：重复试验结果允许相对相差≤10%。

注意事项：不同浸提剂浸出土壤有效硅的差别较大，宜统一规定；浸提温度和时间对浸出的硅量影响较大，要求浸提温度稳定在 30℃、时间控制在 5 小时；生成的硅钼黄和硅钼蓝的稳定时间受温度影响很大，必须严格控制显色温度和时间；用抗坏血酸代替硫酸亚铁铵，校准曲线直而稳定。

⑧有效硫

编制依据：本方法依据《土壤检测　第 14 部分：土壤有效硫的测定》（NY/T 1121.14—2006）编制。

适用范围：本方法适用于酸性土壤中有效硫含量的测定，也适用于中性和石灰性土壤中有效硫含量的测定。

方法原理：酸性土壤有效硫的测定，通常用磷酸盐-乙酸溶液浸提；石灰性土壤用氯化钙溶液浸提。浸出液中的少数有机质用过氧化氢消除，浸出的 SO_4^{2-} 用硫酸钡比浊法测定。

仪器和设备：振荡机、电热板或砂浴、分光光度计、电磁搅拌器。

试剂和材料：

- 氯化钡晶粒；

- 磷酸二氢钙；
- 硫酸钾；
- 阿拉伯胶；
- 过氧化氢（φ =30%）；
- 氯化钙；
- 盐酸（ρ =1.19 g/cm^3）；
- 硫标准贮备液［ρ（S）= 100 mg/L］，其制备方法是，称取硫酸钾 0.543 6 g 溶于水，定容至 1 L，即含硫（S）100 mg/L 的标准贮备液，将此溶液准确稀释成含硫（S）20 mg/L 的标准溶液备用；
- 阿拉伯胶水溶液（2.5 g/L）；
- 磷酸盐-乙酸浸提剂，其制备方法是，称取磷酸二氢钙［$Ca(H_2PO_4)_2 \cdot H_2O$］2.04 g 溶于 1 L 乙酸［c（CH_3COOH）= 2 mol/L］溶液中；
- （1+4）盐酸溶液；
- 氯化钡晶粒，其制备方法是，将氯化钡（$BaCl_2 \cdot 2H_2O$）研细，通过 0.5 mm 孔径筛；
- 氯化钙浸提剂（用于石灰性土壤），其制备方法是，称取氯化钙（$CaCl_2$）1.50 g 溶于水，稀释至 1 L。

分析步骤：

- 绘制校准曲线。准确吸取含硫（S）20.00 mg/L 标准溶液 0、2.00 mL、4.00 mL、6.00 mL、8.00 mL、10.00 mL、12.00 mL 分别放入 50 mL 比色管中，加（1+4）盐酸溶液 2 mL 和阿拉伯胶水溶液 4 mL，用水定容，即 0、0.80 mg/L、1.60 mg/L、2.40 mg/L、3.20 mg/L、4.00 mg/L、4.80 mg/L 的含硫（S）标准系列溶液。将溶液转入 150 mL 烧杯中，加氯化钡晶粒 2.0 g，用电磁搅拌器搅拌 1 分钟，5～10 分钟内在分光光度计上波长 440 nm 处用 3 cm 光径比色皿比浊，用标准系列溶液的零浓度调节仪器零点，与试样溶液同条件比浊测定，读取吸光度，绘制校准曲线或求出一元直线回归方程。
- 试液制备。称取通过 2 mm 孔径筛的风干试样 10 g（精确到 0.01 g）于 250 mL 塑料瓶或三角瓶中，加磷酸盐-乙酸浸提剂 50.00 mL，在 20～25℃下振荡 1 小时，过滤。
- 测定。吸取滤液 25.00 mL 于 100 mL 三角瓶中，在电热板或砂浴上加热，加过氧化氢 3～5 滴氧化有机物。待有机物分解完全后继续煮沸，除尽过剩的过氧化氢。加入（1+4）盐酸溶液 2 mL，得到清亮的溶液。将溶液无损移入 50 mL 容量瓶中，加阿拉伯胶水溶液 4 mL，用水定容后转入 150 mL 烧杯中，加氯化钡晶粒 2.0 g，用电磁搅拌器搅拌 1 分钟，5～10 分钟内在分光光度计上波长 440 nm 处用 3 cm 光径比色皿与标准溶液同条件比浊，读取吸光度。

结果计算与表示：有效硫的含量以质量分数（mg/kg）表示，按式（3-17）计算。

$$\omega(S) = \frac{\rho \times V \times D}{m} \qquad (3\text{-}17)$$

式中：$\omega(S)$ —— 土壤有效硫的质量分数，mg/kg；

      ρ —— 从校准曲线上查得测定液中硫的浓度，mg/L；

      V —— 测定溶液体积，mL（本试验为 50 mL）；

      D —— 分取倍数，50/25 = 2；

      m —— 试样质量，g。

质量保证和质量控制： 重复试验结果允许相对相差≤10%。

注意事项： 石灰性土壤用氯化钙溶液浸提时，其土液比、振荡时间、浸提温度及其他操作与磷酸盐-乙酸提取一样，只是浸提剂种类改变了。

⑨交换性钙和镁

A. 酸性和中性土壤

编制依据： 本方法依据《土壤检测 第 13 部分：土壤交换性钙和镁的测定》（NY/T 1121.13—2006）编制。

适用范围： 本方法适用于酸性、中性土壤交换性钙、镁的测定。

方法原理： 以乙酸铵为土壤交换剂，浸出液中的交换性钙、镁可直接用原子吸收分光光度法测定。测定时所用的钙、镁标准溶液要同时加入同量的乙酸铵溶液，以消除基本效应。此外，在土壤浸出液中，还要加入释放剂锶（Sr），以消除铝、磷和硅对钙测定的干扰。

仪器和设备： 原子吸收分光光度计，钙、镁空心阴极灯，离心机（3 000～4 000 r/min），离心管（100 mL）。

试剂和材料： 本试验方法所用试剂和水，除特殊注明外，均指分析纯试剂和 GB/T 6682 中规定的二级水；所述溶液如未指明溶剂，均系水溶液。常用的试剂和材料如下：

● 乙酸铵溶液 [$c(CH_3COONH_4) = 1$ mol/L，pH 7.0]，其制备方法是，称取乙酸铵（CH_3COONH_4）77.09 g 溶于 950 mL 水中，用（1+1）氨水溶液和稀乙酸调节至 pH7.0，加水稀释到 1 L，摇匀；

● （1+1）氨水溶液；

● （1+1）盐酸溶液；

● 氯化锶溶液 [$\rho(SrCl_2 \cdot 6H_2O) = 30$ g/L]，其制备方法是，称取氯化锶（$SrCl_2 \cdot 6H_2O$）30 g 溶于水，用水稀释到 1 L，摇匀；

● pH 10 缓冲溶液，其制备方法是，称取 67.5 g 氯化铵溶于无 CO_2 水中，加入新开瓶的 570 mL 浓氨水（$\rho = 0.090$ g/mL），用水稀释至 1 L，贮存于塑料瓶中，并注意防止吸收空气中的 CO_2；

● 钙标准贮备溶液 [$\rho(Ca) = 1$ g/L]，其制备方法是，称取 2.497 2 g 经 110℃烘 4

小时的碳酸钙（$CaCO_3$ 基准试剂）于 250 mL 高型烧杯中，加少许水，盖上表面皿，小心地从杯嘴处加入 100 mL（1+1）盐酸溶液溶解，待反应完全后用水洗净表面皿，小心地煮沸除去 CO_2，无损地将溶液移入 1 L 容量瓶中，用水稀释至刻度，摇匀；

● 钙标准溶液 [ρ（Ca）= 100 mg/L]，其制备方法是，吸取 10.00 mL 钙标准贮备溶液于 100 mL 容量瓶中，用水稀释至刻度，摇匀，此溶液含钙（Ca）100 mg/L；

● 镁标准贮备溶液 [ρ（Mg）=0.5 g/L]，其制备方法是，称取 0.500 0 g 金属镁（光谱纯）于 250 mL 高型烧杯中，盖上表面皿，小心地从杯嘴处加入 100 mL（1+1）盐酸溶液溶解，用水洗净表面皿，无损地将溶液移入 1 L 容量瓶中，用水稀释至刻度，摇匀；

● 镁标准溶液 [ρ（Mg）=50 mg/L]，其制备方法是，吸取 10.00 mL 镁标准贮备溶液于 100 mL 容量瓶中，用水稀释至刻度，摇匀，此溶液含镁（Mg）50 mg/L；

● K-B 指示剂，其制备方法是，称取 0.5 g 酸性铬蓝 K 和 1.0 g 萘酚绿 B（$C_{30}H_{15}N_3Na_3Fe$）与 100 g 经 105℃ 烘干的氯化钠一同研细磨匀，越细越好，贮于棕色瓶中。

分析步骤：

● 试液制备。称取 2.00 g（质地轻的土壤称 5.00 g）通过 2 mm 筛孔的风干试样于 100 mL 离心管中，沿离心管壁加入少量乙酸铵溶液，用橡皮头玻璃棒搅拌土样，使之成为均匀的泥浆状，再加入乙酸铵溶液至总体积约 60 mL，并充分搅拌均匀。用乙酸铵溶液洗净橡皮头玻棒，溶液收入离心管内。将离心管成对放在粗天平的两盘上，加入乙酸铵溶液使其平衡。将平衡好的离心管对称放入离心机中，离心 3～5 分钟，清液收集在 250 mL 容量瓶中。如此用乙酸铵溶液处理 2～3 次，直至浸出液中无钙离子反应为止（检查钙离子：取 5 mL 浸出液于试管中，加 1 mL pH 为 10 的缓冲溶液，再加少许 K-B 指示剂，如呈蓝色，表示无钙离子，如呈紫红色，表示有钙离子）。最后用乙酸铵溶液定容。

● 测定。吸取 20.00 mL 乙酸铵溶液于 50 mL 容量瓶中，加入 5.0 mL 氯化锶溶液，用乙酸铵溶液稀释至刻度，摇匀。直接在原子吸收分光光度计上按钙、镁的测定要求调节仪器进行测定。读取吸光度或浓度值。

● 绘制标准曲线。先要制备钙、镁混合标准系列溶液 [其中含钙 0～10 mg/L，含镁 0～7 mg/L]，方法是分别吸取 0、2.00 mL、4.00 mL、6.00 mL、8.00 mL、10.00 mL 含钙（Ca）100 mg/L 的标准溶液于 6 个 100 mL 容量瓶中，另分别吸取 0、1.00 mL、2.00 mL、4.00 mL、6.00 mL、8.00 mL 含镁（Mg）50 mg/L 的标准溶液于上述相应容量瓶中，各加入 10.00 mL 氯化锶溶液，用乙酸铵溶液稀释至刻度，摇匀，即含钙（Ca）0、2.00 mg/L、4.00 mg/L、6.00 mg/L、8.00 mg/L、10.00 mg/L 和含镁（Mg）0、0.50 mg/L、1.00 mg/L、2.00 mg/L、3.00 mg/L、4.00 mg/L 的钙、镁混合标准系列溶液。再绘制标准曲线，方法是在原子吸收分光光度计上与试液同条件测定，读取吸光度绘制标准曲线或求出一元直线回归方程，再计算浓度值，或从仪器上直接读取浓度值。

结果计算与表示：交换性钙、镁的质量分数（cmol/kg）分别按式（3-18）、式（3-19）计算：

$$交换性钙（1/2Ca^{2+}）= \frac{\rho \times V \times D \times 100}{m \times 20.04 \times 1\,000} \tag{3-18}$$

$$交换性镁（1/2Mg^{2+}）= \frac{\rho \times V \times D \times 100}{m \times 12.15 \times 1\,000} \tag{3-19}$$

式中：ρ —— 从标准曲线上查得测读液的钙（或镁）浓度，mg/L；

V —— 测定液体积，mL（本方法为 50 mL）；

D —— 分取倍数，D＝浸出液总体积/吸取浸出液体积＝250/20；

20.04 —— 钙（$1/2Ca^{2+}$）离子的摩尔质量，g/mol；

12.15 —— 镁（$1/2Mg^{2+}$）离子的摩尔质量，g/mol；

100 —— 将 mol 换算成 cmol 的系数；

1 000 —— 将 mL 换算成 L 的系数；

m —— 风干试样质量，g。

重复试验测定结果以算术平均值表示，保留 1 位小数。

质量保证和质量控制：表 3-13 给出了重复试验测定结果的允许相对相差。

表 3-13　重复试验测定结果的允许相对相差

测定值/（cmol/kg）	相对相差/%
≤10	≤10
10～30	≤5
≥30	≤3

注意事项：土壤浸出液中如有漂浮的枯枝落叶等物，要先过滤除去，以避免阻塞喷雾装置。

B. 石灰性土壤

编制依据：本方法依据《石灰性土壤交换性盐基及盐基总量的测定》（NY/T 1615—2008）编制。

适用范围：本方法适用于石灰性土壤交换性盐基及盐基总量的测定。

方法原理：石灰性土壤中的钙、镁除了以水溶盐形态存在，还有一部分被土壤胶体吸附，同时还有大量的游离碳酸钙、碳酸镁等难溶盐。采用乙醇溶液[φ（C_2H_5OH））=70%]洗去土壤中易溶的氧化物和硫酸盐，然后用 pH 为 8.5 的氯化 [c（NH_4Cl）=0.1 mol/L]-乙醇溶液 [φ（C_2H_5OH）=70%] 进行交换处理，交换出土壤胶体吸附的钙、镁。较低浓度的氯化锌交换剂可减低其盐效应作用，较高的 pH 和较高的乙醇浓度可抑制难溶碳酸盐及石膏的溶解。在原子吸收分光光度计上测定交换液中钙、镁的含量。

仪器和设备： 往复式振荡机（振荡频率满足 150～180 r/min）、原子吸收分光光度计。

试剂和材料： 本标准所用试剂，在未注明其他要求时，均指符合国家标准的分析纯试剂；本标准所述溶液如未指明溶剂，均系水溶液；本标准用水应符合 GB/T 6682 中二级水之规定。常用的试剂和材料如下：

● 乙醇溶液 $[\varphi(C_2H_5OH)=70\%]$，其制备方法是，量取 737 mL 乙醇溶液 $[\varphi(C_2H_5OH)=95\%]$，用水稀释至 1 000 mL；

● 氯化铵-乙醇交换液（其成分为氯化铵 $[c(NH_4Cl)=0.1\ mol/L]$-乙醇溶液，pH 8.5），其制备方法是，称取 5.35 g 氯化铵（NH_4Cl）溶于 950 mL 乙醇溶液中，以水溶液（1+1）或盐酸溶液（1+1）调节 pH 至 8.5，再用乙醇溶液稀释至 1 000 mL；

● 钙标准溶液 $[\rho(Ca)=1\ 000\ mg/L]$，其制备方法是，称取 2.497 3 g 经 110℃烘 4 小时的碳酸钙（$CaCO_3$，优级纯）于 50 mL 烧杯中，加水 10 mL，边搅拌边滴加盐酸溶液（1+1）直至碳酸钙全部溶解，加热除去 CO_2，冷却后转入 100 mL 容量瓶，用水定容到刻度；

● 镁标准贮备液 $[\rho(Mg)=1\ 000\ mg/L]$，其制备方法是，称取 1.000 g 金属镁（光谱纯），加盐酸（优级纯）溶液（1+3）溶解，用水定容至 1 000 mL，摇匀；

● 镁标准溶液 $[\rho(Mg)=100\ mg/L]$，其制备方法是，吸取 10 mL 镁标准贮备液于 100 mL 容量瓶中，用水定容至刻度，摇匀；

● 硝酸银溶液 $[\rho(AgNO_3)=50\ g/L]$，其制备方法是，称取 5.00 g 硝酸银（$AgNO_3$）溶于 100 mL 水，贮于棕色瓶中；

● 氯化钡溶液 $[\rho(BaCl_2)=100\ g/L]$，其制备方法是，称取 10.00 g 氯化钡（$BaCl_2$）溶于 100 mL 水中。

分析步骤：

● 试液制备。称取通过 2 mm 孔径筛的风干试样 5 g（精确到 0.01 g），放入 250 mL 三角瓶中，加入 50 mL 乙醇溶液，以 150～180 r/min 的振荡频率振荡 30 分钟后静置过夜。将土壤转移至放有滤纸的漏斗中，用乙醇溶液 30 mL 淋洗，待淋洗液滤干后再加入 30 mL 乙醇溶液继续淋洗，重复数次，至无 Cl^- 和 SO_4^{2-} 反应为止。取出滤纸及土壤，立刻置于 250 mL 三角瓶中，加 100 mL 交换液，以 150～180 r/min 的振荡频率振荡 30 分钟后，过滤到 250 mL 容量瓶中。用交换液继续淋洗，方法同上，直至定容刻度，摇匀待测。同时做空白试验。

● 测定。标准工作曲线的绘制方法是，分别吸取 0、0.50 mL、1.00 mL、2.00 mL、3.00 mL、4.00 mL 钙标准溶液，分别吸取 0、2.00 mL、4.00 mL、6.00 mL、8.00 mL、10.00 mL 镁标准溶液，置于一组 100 mL 容量瓶中，用交换液定容至刻度，摇匀，即含钙（Ca）0、5.0 mg/L、10.0 mg/L、20.0 mg/L、30.0 mg/L、40.0 mg/L 和含镁（Mg）0、2.00 mg/L、4.00 mg/L、

6.00 mg/L、8.00 mg/L、10.00 mg/L 的钙、镁标准溶液系列（注：标准溶液系列的配制可根据试样中待测元素含量的多少和仪器灵敏度适当调整）。样品测定的方法是，以交换液校正仪器零点，在原子吸收分光光度计上测定钙、镁，以浓度为横坐标、吸光度为纵坐标，分别绘制钙、镁的标准工作曲线或求回归方程。

结果计算与表示： 土壤交换性盐基钙（Ca^{2+}）、镁（Mg^{2+}）以质量摩尔分数 S 计，数值以厘摩尔每千克（cmol/kg）表示，分别按式（3-20）、式（3-21）计算：

$$S（1/2Ca^{2+}）=\frac{\rho(Ca)\times V\times ts}{m\times 20.04\times 10}\qquad（3\text{-}20）$$

$$S（1/2Mg^{2+}）=\frac{\rho(Mg)\times V\times ts}{m\times 12.16\times 10}\qquad（3\text{-}21）$$

式中：ρ（Ca）、ρ（Mg）—— 查标准工作曲线或求回归方程而得待测液中钙、镁的浓度数值，mg/L；

　　　V—— 待测液定容体积的数值，mL；

　　　m—— 称取试样的质量的数值，g；

　　　20.04、12.16 —— 钙（$1/2Ca^{2+}$）、镁（$1/2Mg^{2+}$）的摩尔质量的数值，g/mol；

　　　ts—— 稀释倍数；

　　　10 —— 毫摩尔每千克换算为厘摩尔每千克的换算系数。

取平行测定结果的算术平均值为测定结果，计算结果保留到小数点后 2 位，最多不超过 3 位有效数字。

质量保证和质量控制： 交换性钙的平行测定结果的相对相差不大于 10%，不同实验室测定结果的相对相差不大于 25%；交换性镁的平行测定结果的相对相差不大于 10%，不同实验室测定结果的相对相差不大于 20%；交换性盐基总量的平行测定结果的相对相差不大于 10%，不同实验室测定结果的相对相差不大于 25%。

（3）重金属

①总铜、总锌、总铅、总镉、总镍、总铬、总砷

适用范围： 适用于土壤中铜、锌、铅、镉、镍、铬、砷总量的测定。

检出限： 铜 0.000 5 mg/kg、锌 0.000 483 mg/kg、铅 0.000 149 mg/kg、镉 0.000 006 mg/kg、镍 0.000 076 mg/kg、铬 0.000 154 mg/kg、砷 0.001 149 mg/kg。

方法原理： 电感耦合等离子体质谱仪（ICP-MS）由离子源和质谱仪 2 个主要部分构成，样品溶液经过雾化由载气送入 ICP 炬焰中，经过蒸发、解离、原子化、电离等过程转化为带正电荷的离子，经离子采集系统进入质谱仪，质谱仪根据质荷比进行分离。对于一定质荷比，质谱积分面积与进入质谱仪中的离子数成正比，即样品中元素浓度与质谱的积分面积成正比，通过测量质谱的峰面积来测定样品中元素的浓度。

试剂与材料：所使用的试剂除另有说明外，均为优级纯试剂或优级纯以上等级的试剂，试验用水至少应满足 GB/T 6682 规定的二级水标准。常用试剂与材料如下：

- 盐酸（38%，HCl），ρ=1.19 g/mL，高纯；
- 硝酸（68%，HNO₃），ρ=1.42 g/mL，高纯；
- 氢氟酸（40%，HF），ρ=1.49 g/mL，优级纯；
- 双氧水（30%，H₂O₂），优级纯；
- 硝酸溶液（1%），其制备方法是，取 5 mL 硝酸加入 495 mL 水配制；
- 硝酸-盐酸混合试剂，其制备方法是，取 3 份硝酸与 1 份盐酸混合；
- 标准贮备溶液，铜、锌、铅、镉、镍、铬、砷多元素混合标准溶液，7 种元素均为 10 mg/L；
- 内标溶液，10 mg/L 的钪（Sc）、锗（Ge）、钇（Y）、铟（In）、铋（Bi）混合溶液；
- 调谐液，10 μg/L 的锂（Li）、钇、铊（Tl）或铍（Be）、铟、铋混合溶液。

仪器设备：ICP-MS、数控烘箱、微波消解仪、高压消解罐、天平（万分之一）、移液管或移液器、聚对苯二甲酸乙二醇酯（PET）样品瓶、多孔石墨消解炉。

分析步骤：

- 试液的制备。高压罐法：称取经风干、研磨并过 100 目筛（0.149 mm 孔径筛）的土壤样品 0.1 g（精确至 0.000 2 g）于 30 mL 聚四氟乙烯高压罐中，加入 1 mL 盐酸（HCl），3 mL 硝酸（HNO₃），1.0 mL 氟化氢（HF）轻摇，盖上内盖，放置 3 小时以上；将罐密封，放入烘箱 120℃ 1～2 小时，然后提升温度至 180℃，保持 5 小时；冷却后小心打开消化罐，加入少许纯水，然后用 1%硝酸溶液转移样品到干净的 PET 瓶中，定容至 50 mL，摇匀后静置 2～3 小时，待测。微波消解法：称取经风干、研磨并过 100 目筛（0.149 mm 孔径筛）的土壤样品 0.1 g（精确至 0.000 2 g）于高压微波消解罐中，加入 3 mL 硝酸、1.0 mL 氟化氢、1.0 mL 过氧化氢（H₂O₂）轻摇，盖上盖，放置半小时，然后进行消解；程序升温条件为 1 200 W 条件下升温 20 分钟到 130℃，保持 2 分钟，再升温 20 分钟到 180℃，保持 30 分钟，消解完毕，冷却，最后用 1%硝酸溶液定容到 50 mL 干净的 PET 瓶中，摇匀，待测。聚四氟乙烯长管消解法：称取经风干、研磨并过 100 目筛（0.149 mm 孔径筛）的土壤样品 0.1 g（精确至 0.000 2 g）于 50 mL 聚四氟乙烯长管中，加入 10 mL 硝酸、4.0 mL 氟化氢轻摇，盖上盖子，浸泡过夜；将聚四氟乙烯长管置于多孔石墨消解炉内，120℃加热 2.5 小时，温度升至 150℃，继续加热 1 小时，同时每隔 15 分钟摇动聚四氟乙烯长管一次，然后打开盖子维持 150℃继续加热，并每隔 10 分钟至少摇动坩埚一次，直至内容物呈黏稠状；视消解情况可再加入 5 mL 硝酸、3 mL 氟化氢，重复本步骤消解过程；用 1%硝酸溶液定容至 25 mL，充分摇匀待测。耐热玻璃长管消解法：称取经风干、研磨并过 100 目筛（0.149 mm 孔径筛）的土壤样品 0.1 g（精确至 0.000 2 g）于 50 mL 耐热玻璃长管中，加入 10.0 mL 硝酸-盐酸混合试剂，盖上回流盖子，浸泡过夜。将耐热玻璃长管置于多孔石墨消解炉内，120℃加热 2 小时，温度升至 150℃，继续加热 1 小时；用 1%硝酸溶液定容至 50 mL，充分摇匀待测。

● 空白试验。采用与试液制备相同的试剂和步骤制备全程序空白溶液，每批样品制备 2 个以上空白溶液。

● 校准曲线。准确吸取标准贮备溶液用 1%硝酸溶液依次配制 0.001 mg/L、0.01 mg/L、0.05 mg/L、0.2 mg/L、0.5 mg/L、1.0 mg/L 的系列混合标准溶液，此标准系列适用一般土壤样品测定。

● 仪器参考条件。不同型号仪器的最佳参数不同，可根据仪器使用说明书自行选择，附录 D 中列出了本方法通常采用的参数。

● 测定。将仪器预热半小时后，吸入 10 μg/L 的调谐液对仪器进行调谐，达到分析的条件后（附录 E）将内标管放进内标溶液（附录 F），在内标液进入雾化室后方可进行样品测定。依次测定标准系列各点，然后测定样品空白、试样。

结果计算与表示：土壤样品金属元素含量以质量分数 W 计，数值以毫克每千克（mg/kg）表示，按式（3-22）计算。

$$W = K \times \frac{(c-c_0) \times V_2 \times V_总 / V_1}{m \times 1\,000 \times (1-f)} \quad (3\text{-}22)$$

式中：c —— 从校准曲线上查得金属元素含量，ng/mL；

c_0 —— 试剂空白溶液测定浓度，ng/mL；

$V_总$ —— 样品消解后定容体积，mL；

V_1 —— 测定时分取样品消化液体积，mL；

V_2 —— 测定时分取样品溶液稀释定容体积，mL；

m —— 试样重量，g；

1 000 —— 将 ng/g 换算成 mg/kg 的系数；

f —— 试样水分的含量，%；

K —— 不同元素、不同土壤类型的校正系数，对于铜、锌、镉、镍、砷，$K=1$，

对于铅、铬，K 因不同土壤类型而不同。

重复试验结果以算术平均值表示，保留 3 位有效数字。

质量保证和质量控制：在重复性条件下获得的铜、锌、铅、镉、镍、铬、砷 2 次独立测定结果的绝对差值不超过算术平均值的 20%。

②总汞

编制依据：本方法依据《土壤质量　总汞、总砷、总铅的测定　原子荧光法　第 1 部分：土壤中总汞的测定》（GB/T 22105.1—2008）编制。

适用范围： 本方法适用于土壤中总汞的测定。当称取 0.500 0 g 试样消解定容至 50 mL 时，方法检出限为 0.002 mg/kg。

方法原理： 采用硝酸-盐酸混合试剂在沸水浴中加热消解土壤试样，再用硼氢化钾（KBH_4）或硼氢化钠（$NaBH_4$）将样品中所含汞还原成原子态汞，由载气（氩气）导入原子化器中，在特制汞空心阴极灯照射下，基态汞原子被激发至高能态，在去活化回到基态时发射出特征波长的荧光，其荧光强度与汞的含量成正比。与标准系列比较，求得样品中汞的含量。

试剂和材料： 本部分所用试剂除另有说明外均为分析纯试剂，试验用水为去离子水。常用的试剂和材料如下：

- 盐酸（HC1），ρ=1.19 g/mL，优级纯；
- 硝酸（HNO_3），ρ=1.42 g/mL，优级纯；
- 硫酸（H_2SO_4），ρ=1.84 g/mL，优级纯；
- 氢氧化钾（KOH），优级纯；
- 硼氢化钾（KBH_4），优级纯；
- 重铬酸钾，优级纯；
- 氯化汞（$HgCl_2$），优级纯；
- 硝酸-盐酸混合试剂 [（1+1）王水]，其制备方法是，取 1 份硝酸与 3 份盐酸混合，然后用去离子水稀释一倍；
- 还原剂 [0.01%硼氢化钾（KBH_4）+0.2%氢氧化钾（KOH）溶液]，其制备方法是，称取 0.2 g 氢氧化钾放入烧杯中，用少量水溶解，称取 0.01 g 硼氢化钾放入氢氧化钾溶液中，用水稀释至 100 mL，此溶液现用现配；
- 载液 [（1+19）硝酸溶液]，其制备方法是，量取 25 mL 硝酸，缓缓倒入放有少量去离子水的 500 mL 容量瓶中，用去离子水定容至刻度，摇匀；
- 保存液，其制备方法是，称取 0.5 g 重铬酸钾，用少量水溶解，加入 50 mL 硝酸，用水稀释至 1 000 mL，摇匀；
- 稀释液，其制备方法是，称取 0.2 g 重铬酸钾，用少量水溶解，加入 28 mL 硫酸，用水稀释至 1 000 mL，摇匀；
- 汞标准贮备液，其制备方法是，称取经干燥处理的 0.135 4 g 氯化汞，用保存液溶解后，转移至 1 000 mL 容量瓶中，再用保存液稀释至刻度，摇匀，此标准溶液汞的浓度为 100 μg/mL（有条件的单位可以到国家认可的部门直接购买标准贮备液）；
- 汞标准中间溶液，其制备方法是，吸取 10.00 mL 汞标准贮备液注入 1 000 mL 容量瓶中，用保存液稀释至刻度，摇匀，此标准溶液汞的浓度为 1.00 μg/mL；
- 汞标准工作溶液，其制备方法是，吸取 2.00 mL 汞标准中间溶液注入 100 mL 容量瓶中，用保存液稀释至刻度，摇匀，此标准溶液汞的浓度为 20.0 ng/mL（现用现配）。

仪器和设备：氢化物发生原子荧光光度计、汞空心阴极灯、水浴锅、一般实验室仪器。

分析步骤：

● 试样制备。称取 0.2～1.0 g（精确至 0.2 mg）经风干、研磨至粒径小于 0.149 mm（100 目）的土壤样品于 50 mL 具塞比色管中，加少许水润湿样品，加入 10 mL（1+1）王水，加塞后摇匀，于沸水浴中消解 2 小时，取出冷却，立即加入 10 mL 保存液，用稀释液稀释至刻度，摇匀后放置，取上清液待测。同时做空白试验。

● 空白试验。采用与试样制备相同的试剂和步骤制备全程序空白溶液，每批样品制备 2 个以上空白溶液。

● 校准曲线。分别准确吸取 0、0.50 mL、1.00 mL、2.00 mL、3.00 mL、5.00 mL、10.00 mL 汞标准工作液置于 7 个 50 mL 容量瓶中，加入 10 mL 保存液，用稀释液稀释至刻度，摇匀，即得含汞量分别为 0、0.20 ng/mL、0.40 ng/mL、0.80 ng/mL、1.20 ng/mL、2.00 ng/mL、4.00 ng/mL 的标准系列溶液。此标准系列溶液适用于一般样品的测定。

● 仪器参考条件。不同型号仪器的最佳参数不同，可根据仪器使用说明书自行选择。本部分通常采用参数见表 3-14。

表 3-14　仪器参数

负高压/V	280	原子化器预加热温度/℃	200
A 道灯电流/mA	35	载气流量/（mL/min）	300
B 道灯电流/mA	0	屏蔽气流量/（mL/min）	900
观测高度/mm	8	测量方法	校准曲线
读数方式	峰面积	读数时间/秒	10
延迟时间/秒	1	测量重复次数	2

● 测定。将仪器调至最佳工作条件，在还原剂和载液的带动下，测定标准系列各点的荧光强度（校准曲线是减去标准空白后的荧光强度对浓度绘制的校准曲线），然后测定样品空白、试样的荧光强度。

结果计算与表示：土壤样品总汞含量 ω 以质量分数计，数值以毫克每千克（mg/kg）表示，按式（3-23）计算。

$$\omega = \frac{(c-c_0) \times V}{m \times (1-f) \times 1\,000} \quad\quad (3\text{-}23)$$

式中：c —— 从校准曲线上查得汞元素含量，ng/mL；

$\quad\quad c_0$ —— 试剂空白液测定浓度，ng/mL；

$\quad\quad V$ —— 样品消解后定容体积，mL；

m —— 试样质量，g；

f —— 土壤含水量；

1 000 —— 将 "ng" 换算为 "μg" 的系数。

重复试验结果以算术平均值表示，保留 3 位有效数字。

精密度和准确度：测定土壤中总汞的相对误差绝对值不得超过 5%。在重复条件下，获得的两次独立测定结果的相对偏差不得超过 12%。

注意事项：操作中要注意检查全程序的试剂空白，发现试剂或器皿玷污，应重新处理、严格筛选，并妥善保管，以防止交叉污染；硝酸-盐酸消解体系不仅由于氧化能力强使样品中的大量有机物得以分解，同时也能提取各种无机形态的汞，而盐酸存在条件下，大量 Cl^- 与 Hg^{2+} 作用形成稳定的 $[HgCl_4]^{2-}$ 络离子，可抑制汞的吸附和挥发，但应避免使用沸腾的王水处理样品，以防止汞以氯化物的形式挥发而损失，样品中含有较多的有机物时，可适当增大硝酸-盐酸混合试剂的浓度和用量；由于环境因素的影响及仪器稳定性的限制，每批样品测定时须同时绘制校准曲线，若样品中汞含量太高，则不能直接测量，应适当减少称样量，使试样含汞量保持在校准曲线的直线范围内；样品消解完毕，通常要加保存液并以稀释液定容，以防止汞的损失，样品试液宜尽早测定，一般情况下只允许保存 2～3 天。

（4）农药残留

①六六六、滴滴涕、百菌清、氯氟氰菊酯、氯氰菊酯、氰戊菊酯

适用范围：本方法适用于土壤中六六六、滴滴涕、百菌清、氯氟氰菊酯、氯氰菊酯、氰戊菊酯残留量的测定。

方法原理：试样用乙腈提取，离心分层后取上清液，用气相色谱-质谱联用仪检测、外标法定量。

试剂和材料：除非另有说明，在分析中仅使用分析纯的试剂，水为 GB/T 6682 规定的一级水。常用的试剂和材料如下：

● 试剂包括乙腈（CH_3CN，CAS 号：75-05-8）、乙酸乙酯（$CH_3COOC_2H_5$，CAS 号：141-78-6，色谱纯）、氯化钠（NaCl，CAS 号：7647-14-5）。

● 标准品包括 12 种农药标准品，参见附录 G，纯度≥95%。

● 标准储备溶液（1 000 mg/L）的配制方法是，准确称取 10 mg（精确至 0.1 mg）各农药标准品，根据标准品的溶解性和测定需要，选取丙酮或正己烷等溶剂溶解并定容至 10 mL，避光-18℃保存，有效期 1 年；混合标准溶液的配制方法是，吸取一定量的农药标准储备溶液于 100 mL 容量瓶中，用乙酸乙酯定容至刻度，避光 0～4℃保存，有效期 1 个月；混合标准工作溶液的配制方法是，用乙酸乙酯配制相应质量浓度的混合标准溶液，过微孔滤膜，现用现配。

● 用到的材料有微孔滤膜（有机相），13 mm×0.22 μm。

仪器和设备：气相色谱-三重四极杆质谱联用仪，配有电子轰击源（EI）；分析天平，感量为 0.1 mg 和 0.01 g；离心机，转速不低于 5 000 r/min；氮吹仪，可控温；涡旋混合器；摇床，振荡频率不低于 200 r/min。

试样：按照《农田土壤环境质量监测技术规范》（NY/T 395—2012）规定，在田间采集土样，充分混匀取 500 g 备用，装入样品瓶中，于-18℃条件下保存。另取 20 g 测定含水量。

分析步骤：

● 前处理。称取 10 g 试样（精确至 0.01 g）于 250 mL 玻璃三角瓶中，加入 10 mL 水，水化 1 小时，加入 20 mL 乙腈，摇床 200 r/min，振荡 1 小时，倒出上清液至 100 mL 含 5～7 g 氯化钠的离心管中，土壤中再加入 20 mL 乙腈，再次摇床 200 r/min，振摇 1 小时，合并两次上清液，用 5 000 r/min 离心机离心 5 分钟，准确吸取 1 mL 上清液于 10 mL 试管中，40℃水浴中氮气吹至近干。加入 1 mL 乙酸乙酯复溶，过微孔滤膜，用于测定。

● 测定。

▶ 仪器参考条件如下：

色谱柱：HP-5MS UI，30 m×0.25 mm×0.25 μm，或相当者。

色谱柱温度：50℃保持 1 分钟，然后以 25℃/min 程序升温至 125℃，再以 10℃/min 升温至 300℃，保持 2 分钟。

载气：氦气，纯度≥99.999%，流速 1.71 mL/min。

进样口温度：220℃。

进样量：1 μL。

进样方式：不分流进样。

电子轰击源：70 eV。

离子源温度：200℃。

传输线温度：250℃。

溶剂延迟：1.6 分钟。

多反应监测：每种农药分别选择一对定量离子、一对定性离子，每种农药的定量离子对、定性离子对和碰撞电压，参见附录 G。

▶ 标准工作曲线。精确吸取一定量的混合标准溶液，逐级用乙酸乙酯稀释成质量浓度为 0.005 mg/L、0.01 mg/L、0.05 mg/L、0.1 mg/L 和 0.5 mg/L 的标准工作溶液，过微孔滤膜，供气相色谱-质谱联用仪测定。以农药定量离子峰面积为纵坐标、农药标准溶液质量浓度为横坐标，绘制标准曲线。

▶ 定性及定量。保留时间：被测试样中目标农药色谱峰的保留时间与相应标准色谱峰的保留时间相比较，相对误差应在±2.5%之内。定量离子、定性离子及子离子丰度比：在相同实验条件下进行样品测定时，如果检出的色谱峰的保留时间与标准样品相一致，并且在扣除背景后的样品质谱图中目标化合物的质谱定量和定性离子均出现，而且对于同一检测批次、同一化合物，若样品中目标化合物的定性离子和定量离子的相对丰度比与质量浓度相当的标准溶液相比，其允许偏差不超过表 3-15 规定的范围，则可判断样品中存在目标农药。

表 3-15　定性时相对离子丰度的最大允许偏差　　　　单位：%

相对离子丰度	>50	20~50（含）	10~20（含）	≤10
允许相对偏差	±20	±25	±30	±50

▶ 试样溶液的测定。将混合标准工作溶液和试样溶液依次注入气相色谱-质谱联用仪中，保留时间和定性离子定性，测得定量离子峰面积，待测样液中农药的响应值应在仪器检测的定量测定线性范围之内，超过线性范围时应根据测定浓度进行适当倍数稀释后再进行分析。

结果计算与表示： 试样中各农药残留量以质量分数 ω 计，数值以毫克每千克（mg/kg）表示，按式（3-24）计算。

$$\omega = \frac{\rho \times A \times V}{A_s \times m} \tag{3-24}$$

式中：ω —— 试样中被测物残留量，mg/kg；

ρ —— 标准工作溶液中被测物的质量浓度，μg/mL；

A —— 试样溶液中被测物的色谱峰面积，mm^2；

A_s —— 标准工作溶液中被测物的色谱峰面积，mm^2；

V —— 试样溶液最终定容体积，mL；

m —— 试样溶液所代表试样的质量，g。

计算结果应扣除空白值，计算结果以重复性条件下获得的 2 次独立测定结果的算术平均数表示，保留 2 位有效数字，含量超 1 mg/kg 时保留 3 位有效数字。

质量保证和质量控制： 样品测定过程中每 50 个样品添加 1 对添加回收质控样，质控样回收率控制在 70%~130%。

其他： 本方法的定量限为 0.01 mg/kg。

②毒死蜱、三唑磷、氯虫苯甲酰胺、吡虫啉、三环唑、己唑醇、戊唑醇、多菌灵、稻瘟灵、乙草胺、丁草胺、莠去津、噻虫嗪、哒螨灵、苯醚甲环唑、烯酰吗啉、嘧菌酯

适用范围： 本方法适用于土壤中毒死蜱、三唑磷、氯虫苯甲酰胺、吡虫啉、三环唑、己唑醇、戊唑醇、多菌灵、稻瘟灵、乙草胺、丁草胺、莠去津、噻虫嗪、哒螨灵、苯醚甲环唑、烯酰吗啉、嘧菌酯残留量的测定。

方法原理： 试样用乙腈提取，离心分层后取上清液，用液相色谱-质谱联用仪检测、外标法定量。

试剂和材料： 除非另有说明，在分析中仅使用分析纯的试剂，水为 GB/T 6682 规定的一级水。常用的试剂和材料如下：

- 试剂包括乙腈（CH_3CN，CAS 号：75-05-8）、氯化钠（NaCl，CAS 号：7647-14-5）、甲酸（CH_2O_2，CAS 号：64-18-6）。
- 甲酸水溶液（0.1%）的配制方法是，取 1 mL 甲酸，用水稀释至 1 000 mL。
- 标准品包括 17 种农药标准品，参见附录 H，纯度≥95%。
- 标准储备溶液（1 000 mg/L）的配制方法是，准确称取 10 mg（精确至 0.1 mg）各农药标准品，根据标准品的溶解性和测定需要，选取丙酮或乙腈等溶剂溶解并定容至 10 mL，避光-18℃保存，有效期 1 年；混合标准溶液的配制方法是，吸取一定量的农药标准储备溶液于 100 mL 容量瓶中，用乙腈定容至刻度，避光 0～4℃保存，有效期 1 个月；混合标准工作溶液的配制方法是，用乙腈配制相应质量浓度的混合标准溶液，过微孔滤膜，应现用现配。
- 用到的材料有微孔滤膜（有机相），13 mm×0.22 μm。

仪器和设备： 液相色谱-三重四极杆质谱联用仪，配有电喷雾电离源（ESI）；分析天平，感量为 0.1 mg 和 0.01 g；离心机，转速不低于 5 000 r/min；涡旋混合器；摇床，振荡频率不低于 200 r/min。

试样： 按照 NY/T 395 规定，在田间采集土样，充分混匀取 500 g 备用，装入样品瓶中，于-18℃条件下保存。另取 20 g 测定含水量。

分析步骤：

- 前处理。称取 10 g 试样（精确至 0.01 g）于 250 mL 玻璃三角瓶中，加入 10 mL 水，水化 1 小时，加入 20 mL 乙腈，摇床 200 r/min，振荡 1 小时，倒出上清液至 100 mL 含 5～7 g 氯化钠的离心管中，土壤中再加入 20 mL 乙腈，再次摇床 200 r/min，振摇 1 小时，合并两次上清液，用 5 000 r/min 离心机离心 5 分钟，吸取 1 mL 上清液过微孔滤膜，用于测定。

● 测定。

▶ 仪器参考条件如下：

在液相条件下，色谱柱为 Waters T3 C$_{18}$ 柱（1.8 μm，2.1×100 mm），或相当者；色谱柱温度为 40℃；流动相 A 相为 0.1%甲酸水溶液，流动相 B 相为乙腈；流动相梯度洗脱条件见表 3-16；进样量为 1 μL；流速为 0.35 mL/min。

表 3-16　流动相及梯度洗脱条件（V_A+V_B）

时间/min	流动相 V_A	流动相 V_B
0.00	90	10
0.50	40	60
2.00	40	60
5.00	5	95
9.00	5	95
11.50	90	10
13.00	90	10

在质谱条件下：接口温度为 300℃，DL 温度为 250℃，Heat Block 温度为 400℃；雾化气流速为 3 L/min，加热气流速为 10 L/min，干燥气流速为 10 L/min；扫描方式为正离子扫描；检测方式为多反应监测（MRM），每种农药分别选择一对定量离子，一对定性离子。每种农药的定量离子对、定性离子对和碰撞电压参见附录 H。

▶ 标准工作曲线。精确吸取一定量的混合标准溶液，逐级稀释成质量浓度为 0.005 mg/L、0.01 mg/L、0.05 mg/L、0.1 mg/L、0.5 mg/L 的系列混合标准工作溶液，过微孔滤膜供液相色谱-质谱联用仪测定。以农药定量离子峰面积为纵坐标、农药标准溶液质量浓度为横坐标，绘制标准工作曲线，求出回归方程和相关系数。

▶ 定性及定量。保留时间：被测试样中目标农药色谱峰的保留时间与相应标准色谱峰的保留时间相比较，相对误差应在±2.5%之内。定量离子、定性离子及子离子丰度比：在相同实验条件下进行样品测定时，如果检出的色谱峰的保留时间与标准样品相一致，并且在扣除背景后的样品质谱图中目标化合物的质谱定量和定性离子均出现，而且对于同一检测批次、同一化合物，样品中目标化合物的定性离子和定量离子的相对丰度比与质量浓度相当的标准溶液相比，其允许偏差不超过表 3-17 规定的范围，则可判断样品中存在目标农药。定量：用外标法定量。

表 3-17　定性时相对离子丰度的最大允许偏差

相对离子丰度	>50%	>20%至 50%	>10%至 20%	≤10%
允许相对偏差	±20%	±25%	±30%	±50%

▶ 试样溶液的测定。将混合标准工作溶液和试样溶液依次注入液相色谱-质谱联用仪中，保留时间和定性离子定性，测得定量离子峰面积，待测样液中农药的响应值应在仪器检测的定量测定线性范围之内，超过线性范围时应根据测定浓度进行适当倍数稀释后再进行分析。

结果计算与表示：试样中各农药残留量以质量分数ω计，数值以毫克每千克（mg/kg）表示，按式（3-25）计算。

$$\omega = \frac{\rho \times A \times V}{A_s \times m} \tag{3-25}$$

式中：ω —— 试样中被测物残留量，mg/kg；

　　　ρ —— 标准工作溶液中被测物的质量浓度，μg/mL；

　　　A —— 试样溶液中被测物的色谱峰面积，mm²；

　　　A_s —— 标准工作溶液中被测物的色谱峰面积，mm²；

　　　V —— 试样溶液最终定容体积，mL；

　　　m —— 试样溶液所代表试样的质量，g。

计算结果应扣除空白值，计算结果以重复性条件下获得的 2 次独立测定结果的算术平均值表示，保留 2 位有效数字，含量超 1 mg/kg 时保留 3 位有效数字。

质量保证和质量控制：样品测定过程中每 50 个样品添加 1 对添加回收质控样，质控样回收率控制在 70%～130%。

其他：本方法的定量限为 0.01 mg/kg。

2．农产品样品

（1）重金属

①铬、砷、镉、汞、铅

编制依据：本方法依据《食品安全国家标准　食品中多元素的测定》（GB 5009.268—2016）中"第一法"编制。

适用范围：本方法适用于农产品中铬、砷、镉、汞、铅的含量测定。当称样量为 0.5 g、定容体积为 50 mL 时，各元素的检出限和定量限见表 3-18。

表 3-18　ICP-MS 检出限及定量限

元素名称	元素符号	检出限/（mg/kg）	定量限/（mg/kg）
铬	Cr	0.05	0.2
砷	As	0.002	0.005
镉	Cd	0.002	0.005
汞	Hg	0.001	0.003
铅	Pb	0.02	0.05

方法原理： 试样经消解后，由 ICP-MS 测定，以元素特定质量数（质荷比，*m/z*）定性，采用外标法，以待测元素质谱信号与内标元素质谱信号的强度比与待测元素的浓度成正比进行定量分析。

试剂和材料： 除非另有说明，本方法所用试剂均为优级纯，水为 GB/T 6682 规定的一级水。常用的试剂和材料如下：

- 硝酸（HNO_3），优级纯或更高纯度；
- 氩气（Ar），≥99.995%或液氩；
- 氦气（He），≥99.995%；
- 金元素（Au）溶液（1 000 mg/L）；
- 硝酸溶液（5+95），其制备方法是，取 50 mL 硝酸缓慢加入 950 mL 水中，混匀；
- 汞标准稳定剂，其制备方法是，取 2 mL 金元素（Au）溶液，用硝酸溶液（5+95）稀释至 1 000 mL，用于汞标准溶液的配制（汞标准稳定剂可采用 2 g/L 半胱氨酸盐酸盐+硝酸（5+95）混合溶液，或其他等效稳定剂）；
- 元素贮备液（1 000 mg/L 或 100 mg/L），铬、镍、铜、锌、砷、镉、汞和铅采用经国家认证并授予标准物质证书的单元素或多元素标准贮备液；
- 内标元素贮备液（1 000 mg/L），钪、锗、铟、铑、铼、铋等采用经国家认证并授予标准物质证书的单元素或多元素内标标准贮备液；
- 混合标准工作溶液，其制备方法是，吸取适量单元素标准贮备液或多元素混合标准贮备液，用硝酸溶液（5+95）逐级稀释配成混合标准工作溶液系列，各元素质量浓度见表 3-19；
- 汞标准工作溶液，其制备方法是，取适量汞贮备液，用汞标准稳定剂逐级稀释配成标准工作溶液系列，浓度范围见表 3-19；
- 内标使用液，其制备方法是，取适量内标单元素贮备液或内标多元素标准贮备液，用硝酸溶液（5+95）配制合适浓度的内标使用液，既可在配制混合标准工作溶液和样品消化液中手动定量加入，也可由仪器在线加入，由于不同仪器采用的蠕动泵管内径有所不同，当在线加入内标时，需考虑使内标元素在样液中的浓度，样液混合后的内标元素参考浓度范围为 25～100 µg/L。

表 3-19　ICP-MS 方法中元素的标准溶液系列质量浓度

元素符号	标准系列质量浓度/（µg/L）					
	系列 1	系列 2	系列 3	系列 4	系列 5	系列 6
Cr	0	1.00	5.00	10.0	30.0	50.0
As	0	1.00	5.00	10.0	30.0	50.0
Cd	0	1.00	5.00	10.0	30.0	50.0

元素符号	标准系列质量浓度/（μg/L）					
	系列 1	系列 2	系列 3	系列 4	系列 5	系列 6
Hg	0	0.100	0.500	1.00	1.50	2.00
Pb	0	1.00	5.00	10.0	30.0	50.0

注：依据样品消解溶液中元素质量浓度水平可适当调整标准系列中各元素质量浓度范围。

仪器和设备： ICP-MS；天平，感量为 0.1 mg 和 1 mg；微波消解仪，配有聚四氟乙烯消解内罐；压力消解罐，配有聚四氟乙烯消解内罐；恒温干燥箱；控温电热板；超声水浴箱；样品粉碎设备，如匀浆机、高速粉碎机；一般实验室仪器。

分析步骤：

● 试样制备。在样品制备过程中，应注意防止样品被污染；取水稻或小麦样品可食部分，经高速粉碎机粉碎均匀，储于塑料瓶中。

● 试样消解。可根据实验室条件及试样中待测元素的含量水平和检测水平要求选择相应的消解方法及消解容器。微波消解法：称取制备后的试样 0.2～5 g（精确至 0.001 g）于微波消解内罐中，加入 5～10 mL 硝酸，加盖放置 1 小时或过夜，旋紧罐盖，按照微波消解仪标准操作步骤进行消解，消解参考条件见表 3-20。冷却后取出，缓慢打开罐盖排气，用少量水冲洗内盖，将消解罐放在控温电热板上或超声水浴箱中，于 100℃加热 30 分钟或超声脱气 2～5 分钟，用水定容至 25 mL 或 50 mL，混匀备用，同时做空白试验。压力罐消解法：称取制备后的试样 0.2～5 g（精确至 0.001 g）于消解内罐中，加入 5 mL 硝酸，放置 1 小时或过夜，旋紧不锈钢外套放入恒温干燥箱消解，消解参考条件见表 3-20。冷却后，缓慢旋松不锈钢外套将消解内罐取出，在控温电热板上或超声水浴箱中于 100℃加热 30 分钟或超声脱气 2～5 分钟，用水定容至 25 mL 或 50 mL，混匀备用，同时做空白试验。

表 3-20　样品消解参考条件

消解方式	步骤	控制温度/℃	升温时间/分钟	恒温时间
微波消解	1	120	5	5 分钟
	2	150	5	10 分钟
	3	190	5	20 分钟
压力罐消解	1	80	—	2 小时
	2	120	—	2 小时
	3	160～170	—	4 小时

● 仪器参考条件。仪器操作条件见表 3-21，汞和铅元素分析模式为普通/碰撞反应池，其他元素均为碰撞反应池；在调谐仪器达到测定要求后，编辑测定方法，根据待测元素的性质选择相应的内标元素，待测元素和内标元素的质荷比见表 3-22。

表 3-21 ICP-MS 操作参考条件

参数名称	参数	参数名称	参数
射频功率/W	1 500	雾化器	高盐/同心雾化器
等离子体气流量/（L/min）	15	采样锥/截取锥	镍/铂锥
载气流量/（L/min）	0.80	采样深度/mm	8～10
辅助气流量/（L/min）	0.40	采集模式	跳峰（Spectrum）
氦气流量/（mL/min）	4～5	检测方式	自动
雾化室温度/℃	2	每峰测定点数/个	1～3
样品提升速率/（r/s）	0.3	重复次数/次	2～3

注：对于没有合适消除干扰模式的仪器，需采用干扰校正方程对测定结果进行校正，铅、镉、砷等元素干扰校正方程见表 3-22。

表 3-22 待测元素推荐选择的同位素和内标元素及干扰校正方程

元素	质荷比	内标	同位素和推荐校正方程
Cr	52/53	$^{45}Sc/^{72}Ge$	—
As	75	$^{72}Ge/^{103}Rh/^{115}In$	^{75}As： $[^{75}As]=[75]-3.127\,8\times[77]+1.017\,7\times[78]$
Cd	111	$^{103}Rh/^{115}In$	^{114}Cd： $[^{114}Cd]=[114]-1.628\,5\times[108]-0.014\,9\times[118]$
Hg	200/202	$^{185}Re/^{209}Bi$	—
Pb	206/207/208	$^{185}Re/^{209}Bi$	^{208}Pb： $[^{208}Pb]=[206]+[207]+[208]$

● 标准曲线的制作。将混合标准溶液注入 ICP-MS 中，测定待测元素和内标元素的信号响应值，以待测元素的浓度为横坐标、待测元素与所选内标元素响应信号的比值为纵坐标，建立标准曲线。

● 试样溶液的测定。将空白溶液和试样溶液分别注入 ICP-MS 中，测定待测元素和内标元素的信号响应值，根据标准曲线得到消解液中待测元素的浓度。

结果计算与表示：试样中低含量待测元素的含量按式（3-26）计算。

$$\omega = \frac{(\rho - \rho_0) \times V \times f}{m \times 1\,000} \tag{3-26}$$

式中： ω —— 试样中待测元素含量，mg/kg；

ρ —— 试样溶液中被测元素质量浓度，μg/L；

ρ_0 —— 试样空白液中被测元素质量浓度，μg/L；

V —— 试样消化液定容体积，mL；

f —— 试样稀释倍数；

m —— 试样称取质量，g；

1 000 —— 换算系数。

计算结果保留 3 位有效数字。

试样中高含量待测元素的含量按式（3-27）计算。

$$\omega = \frac{(\rho - \rho_0) \times V \times f}{m} \qquad (3\text{-}27)$$

式中：ω——试样中待测元素含量，mg/kg；

ρ——试样溶液中被测元素质量浓度，mg/L；

ρ_0——试样空白液中被测元素质量浓度，mg/L；

V——试样消化液定容体积，mL；

f——试样稀释倍数；

m——试样称取质量，g。

计算结果保留 3 位有效数字。

质量保证与质量控制： 样品中各元素含量大于 1 mg/kg 时，在重复性条件下获得的两次独立测定结果的绝对差值不得超过算术平均值的 10%；小于或等于 1 mg/kg 且大于 0.1 mg/kg 时，在重复性条件下获得的 2 次独立测定结果的绝对差值不得超过算术平均值的 15%；小于或等于 0.1 mg/kg 时，在重复条件下获得的两次独立测定结果的绝对差值不得超过算术平均值的 20%。

②无机砷

编制依据： 本方法按照《食品安全国家标准　食品中总砷及无机砷的测定》（GB 5009.11—2014）中"第二篇　食品中无机砷的测定"中的"第二法　液相色谱-电感耦合等离子体质谱法"编制。

方法原理： 食品中的无机砷经稀硝酸提取后以液相色谱进行分离，分离后的目标化合物经过雾化由载气送入 ICP 炬焰中，经过蒸发、解离、原子化、电力等过程，大部分转化为带正电荷的正离子，经离子采集系统进入质谱仪，质谱仪根据质荷比进行分离测定。以保留时间和质荷比定性，用外标法定量。

试剂和材料： 除非另有说明，本方法所用试剂均为优级纯，水为 GB/T 6682 规定的一级水。常用的试剂和材料如下：

● 试剂包括无水乙酸钠（CH_3COONa），分析纯；硝酸钾（KNO_3），分析纯；磷酸二氢钠（NaH_2PO_4），分析纯；乙二胺四乙酸二钠（$C_{10}H_{14}N_2Na_2O_8$），分析纯；硝酸（HNO_3）；正己烷 [$CH_3(CH_2)_4CH_3$]；无水乙醇（CH_3CH_2OH）；氨水（$NH_3 \cdot H_2O$）。

● 硝酸溶液（0.15 mol/L）的配制方法是，量取 10 mL 硝酸，加水稀释至 1 000 mL；流动相 A 相为含 10 mmol/L 无水乙酸钠、3 mmol/L 硝酸钾、10 mmol/L 磷酸二氢钠、0.2 mmol/L 乙二胺四乙酸二钠的缓冲液（pH 10），其配制方法是，分别准确称取 0.820 g 无水乙酸钠、0.303 g 硝酸钾、1.56 g 磷酸二氢钠、0.075 g 乙二胺四乙酸二钠，用水定容至 1 000 mL，氨水调节 pH 为 10，混匀，经 0.45 μm 水系滤膜过滤后，于超声水浴中超声脱气 30 分钟，备用；氢氧化钾（100 g/L）的配制方法是，称取 10 g 氢氧化钾，加水溶解并稀释至 100 mL。

● 标准品包括三氧化二砷（As_2O_3）标准品，纯度≥99.5%；砷酸二氢钾（$KH_2As_2O_4$）标准品，纯度≥99.5%。

● 亚砷酸盐 [As（III）] 标准储备液（100 mg/L，按 As 计）的配制方法是，准确称取三氧化二砷 0.013 2 g，加 1 mL 氢氧化钾溶液（100 g/L）和少量水溶液，转入 100 mL 容量瓶中，加入适量盐酸调整其酸度近中性，加水稀释至刻度，4℃保存，保存期 1 年，或购买经国家认证并授予标准物质证书的标准溶液物质；砷酸盐 [As（V）] 标准储备液（100 mg/L，按 As 计）的配制方法是，准确称取砷酸二氢钾 0.024 0 g，水溶解，转入 100 mL 容量瓶中并用水稀释至刻度，4℃保存，保存期 1 年，或购买经国家认证并授予标准物质证书的标准溶液物质；As（III）、As（V）混合标准使用液（1.00 mg/L，按 As 计）的配制方法是，分别准确吸取 1.0 mL As（III）标准储备液（100 mg/L）、1.0 mL As（V）标准储备液（100 mg/L）于 100 mL 容量瓶中，加水稀释并定容至刻度，现用现配。

仪器和设备： 所有玻璃器皿均需以硝酸溶液（1+4）浸泡 24 小时，用水反复冲洗，最后用去离子水冲洗干净。具体包括液相色谱-电感耦合等离子体质谱联用仪（LC-ICP/MS），由液相色谱仪与电感耦合等离子质谱仪组成；组织匀浆器；高速粉碎机；冷冻干燥机；离心机，转速≥8 000 r/min；pH 计，精度为 0.01；天平，感量为 0.1 mg 和 1 mg；恒温干燥箱（50～300℃）。

分析步骤：

● 试验提取。称取 1.0 g 稻米试样（准确至 0.001 g）于 50 mL 塑料离心管中，加入 20 mL 0.15 mol/L 硝酸溶液，放置过夜。于 90℃恒温箱中热浸取 2.5 小时，每 0.5 小时振摇 1 分钟。提取完毕后取出冷却至室温，以 8 000 r/min 的频率离心 15 分钟，取上层清液，经 0.45 μm 有机滤膜过滤后进样测定。按同一操作方法做空白试验。

● 仪器参考条件。对于液相色谱，色谱柱包括阴离子交换色谱柱（柱长 250 mm，内径 4 mm）或等效柱，阴离子交换色谱保护柱（柱长 10 mm，内径 4 mm）或等效柱；流动相（含 10 mmol/L 无水乙酸钠、3 mmol/L 硝酸钾、10 mmol/L 磷酸二氢钠、0.2 mmol/L 乙二胺四乙酸二钠的缓冲液，氨水调节 pH 为 10）：无水乙醇=99：1（体积比）；洗脱方式为等度洗脱；进样体积为 50 μL。对于 ICP-MS，RF 入射功率为 1 550 W；载气为高纯氩气，流速为 0.85 L/min；补偿气为 0.15 L/min；泵速为 0.3 r/s；检测质量数 $m/z = 75$（As），$m/z = 35$（Cl）。

● 标准曲线制作。分别准确吸取 1.00 mg/L 混合标准使用液 0、0.025 mL、0.050 mL、0.10 mL、0.50 mL、1.0 mL 于 6 个 10 mL 容量瓶，用水稀释至刻度，此标准系列溶液的浓度分别为 0、2.5 ng/mL、5 ng/mL、10 ng/mL、50 ng/mL 和 100 ng/mL。用调谐液调整

仪器各项指标，使仪器灵敏度、氧化物、双电荷、分辨率等各项指标达到测定要求。吸取标准系列溶液 50 μL 注入 LC-ICP/MS 得到色谱图，以保留时间定性。以标准系列溶液中目标化合物的浓度为横坐标、色谱峰面积为纵坐标，绘制标准曲线。

● 试样溶液的测定。吸取试样溶液 50 μL 注入 LC-ICP/MS 得到色谱图，以保留时间定性。根据标准曲线得到试样溶液中 As（Ⅲ）与 As（Ⅴ）含量，As（Ⅲ）与 As（Ⅴ）含量的加和为总无机砷含量，平行测定次数不少于 2 次。

结果计算与表示：试样中无机砷的含量按式（3-28）计算。

$$X = \frac{(c - c_0) \times V \times 1\,000}{m \times 1\,000 \times 1\,000} \tag{3-28}$$

式中：X——样品中无机砷的含量（以 As 计），mg/kg；

c_0——空白溶液中无机砷化合物浓度，ng/mL；

c——测定溶液中无机砷化合物浓度，ng/mL；

V——试样消化液体积，mL；

m——试样质量，g；

1 000——换算系数。

总无机砷含量等于 As（Ⅲ）含量与 As（Ⅴ）含量的加和。

计算结果保留 2 位有效数字。

质量保证和质量控制：在重复性条件获得的两次独立测定结果的绝对差值不得超过算术平均值的 20%。

其他：本方法检出限为取样量为 1 g，定容体积为 20 mL 时，方法检出限为 0.01 mg/kg（稻米），方法定量限 0.03 mg/kg（稻米）。

（2）农药残留

①六六六、滴滴涕、毒死蜱、三唑磷、氯氟氰菊酯、己唑醇、戊唑醇、乙草胺、丁草胺、稻瘟灵、氯氰菊酯、氰戊菊酯、莠去津、哒螨灵、苯醚甲环唑

编制依据：本方法依据《食品安全国家标准　植物源性食品中 208 种农药及其代谢物残留量的测定　气相色谱-质谱联用法》（GB/T 23200.113—2018）编制。

适用范围：本方法适用于植物源性食品中六六六、滴滴涕、毒死蜱、三唑磷、氯氟氰菊酯、己唑醇、戊唑醇、乙草胺、丁草胺、稻瘟灵、氯氰菊酯、氰戊菊酯、莠去津、哒螨灵、苯醚甲环唑残留量的测定。

方法原理：试样用乙腈提取，提取液经固相萃取或分散固相萃取净化，植物油试样经凝胶渗透色谱净化，用气相色谱-质谱联用仪检测、内标法或外标法定量。

试剂和材料：除非另有说明，在分析中仅使用分析纯的试剂，水为 GB/T 6682 规定的一级水。常用的试剂和材料如下：

- 试剂包括乙腈（CH_3CN，CAS 号：75-05-8）；乙酸乙酯（$CH_3COOC_2H_5$，CAS 号：141-78-6），色谱纯；甲苯（C_7H_8，CAS 号：108-88-3），色谱纯；环己烷（C_6H_{12}，CAS 号：110-82-7），色谱纯；氯化钠（NaCl，CAS 号：7647-14-5）；乙酸钠（CH_3COONa，CAS 号：6131-90-4）；乙酸（CH_3COOH，CAS 号：55896-93-0）；硫酸镁（$MgSO_4$，CAS 号：7487-88-9）；柠檬酸钠（$Na_3C_6H_5O_7$，CAS 号：6132-04-3）；柠檬酸氢二钠（$C_6H_6Na_2O_7$，CAS 号：6132-05-4）。

- 乙腈-乙酸溶液（99+1，体积比）的配制方法是，量取 10 mL 乙酸加入 990 mL 乙腈中，混匀；乙腈-甲苯溶液（3+1，体积比）的配制方法是，量取 100 mL 甲苯加入 300 mL 乙腈中，混匀；GPC 流动相为环己烷-乙酸乙酯溶液（1+1，体积比），其配制方法是，量取 500 mL 环己烷加入 500 mL 乙酸乙酯中，混匀。

- 标准品为环氧七氯 B 内标和上述农药标准品，参见附录 I，纯度≥95%。

- 标准储备溶液（1 000 mg/L）的配制方法是，准确称取 10 mg（精确至 0.1 mg）各农药标准品，根据标准品的溶解性和测定需要，选用丙酮或正己烷等溶剂溶解并定容至 10 mL，避光−18℃保存，有效期 1 年；混合标准溶液的配制方法是，可按照农药的性质和保留时间将上述农药进行分组，吸取一定量的农药标准储备溶液于 250 mL 容量瓶中，用乙酸乙酯定容至刻度，混合标准溶液避光 0～4℃保存，有效期 1 个月；内标溶液的配制方法是，准确称取 10 mg 环氧七氯 B（精确至 0.1 mg）用乙酸乙酯溶解后转移至 10 mL 容量瓶中，定容混匀为内标储备液，将其用乙酸乙酯稀释至 5 mg/L 为内标溶液；基质混合标准工作溶液的配制方法是，空白基质溶液氮气吹干，加入 20 μL 内标溶液，加入 1 mL 相应质量浓度的混合标准溶液复溶，过微孔滤膜，现用现配（注：空白基质溶液取样量应与相应的试样处理取样量一致）。

- 材料包括固相萃取柱，石墨化炭黑氨基复合柱，500 mg/500 mg，容积 6 mL；乙二胺 N 丙基硅烷化硅胶（PSA），40～60 μm；十八烷基硅烷键合硅胶（C_{18}），40～60 μm；石墨化炭黑（GCB），40～120 μm；陶瓷均质子，2 cm（长）×1 cm（外径）；微孔滤膜（有机相），13 mm×0.22 μm。

仪器和设备：气相色谱-三重四极杆质谱联用仪，配有电子轰击源（EI）；凝胶渗透色谱仪或装置，配有 25 mm（内径）×500 mm，内装 Bio-Beads SX-3 填料或相当的净化柱；分析天平，感量为 0.1 mg 和 0.01 g；高速匀浆机，转速不低于 15 000 r/min；离心机，转速不低于 4 200 r/min；组织捣碎机；旋转蒸发仪；氮吹仪，可控温；涡旋振荡器。

分析步骤：

A. QuEChERS 前处理

- 蔬菜、水果和食用菌：称取 10 g 试样（精确至 0.01 g）于 50 mL 塑料离心管中，加入 10 mL 乙腈、4 g 硫酸镁、1 g 氯化钠、1 g 柠檬酸钠、0.5 g 柠檬酸氢二钠及 1 颗陶瓷均质子，盖上离心管盖，剧烈振荡 1 分钟后以 4 200 r/min 的频率离心 5 分钟。吸取 6 mL 上清液加到内含 900 mg 硫酸镁及 150 mg PSA 的 15 mL 塑料离心管中。对于颜色较深的试样，在 15 mL 塑料离心管中加入 885 mg 硫酸镁、150 mg PSA 及 15 mg GCB，涡旋混匀 1 分钟以 4 200 r/min 的频率离心 5 分钟，准确吸取 2 mL 上清液于 10 mL 试管中，40℃ 水浴中氮气吹至近干。加入 20 μL 的内标溶液、1 mL 乙酸乙酯复溶，过微孔滤膜，用于测定。

● 谷物、油料和坚果：称取 5 g 试样（精确至 0.01 g）于 50 mL 塑料离心管中，加 10 mL 水涡旋混匀，静置 30 分钟。加入 15 mL 乙腈-乙酸溶液、6 g 无水硫酸镁、1.5 g 乙酸钠及 1 颗陶瓷均质子，盖上离心管盖，剧烈振荡 1 分钟后以 4 200 r/min 的频率离心 5 分钟。吸取 8 mL 上清液加到内含 1 200 mg 硫酸镁、400 mg PSA 及 400 mg C_{18} 的 15 mL 塑料离心管中，涡旋混匀 1 分钟。以 4 200 r/min 的频率离心 5 分钟，准确吸取 2 mL 上清液于 10 mL 试管中，40℃ 水浴中氮气吹至近干。加入 20 μL 的内标溶液、1 mL 乙酸乙酯复溶，过微孔滤膜，用于测定。

● 茶叶和香辛料：称取 2 g 试样（精确至 0.01 g）于 50 mL 塑料离心管中，加 10 mL 水涡旋混匀，静置 30 分钟。加入 15 mL 乙腈-乙酸溶液、6 g 无水硫酸镁、1.5 g 乙酸钠及 1 颗陶瓷均质子，盖上离心管盖，剧烈振荡 1 分钟后以 4 200 r/min 的频率离心 5 分钟。吸取 8 mL 上清液加到内含 1 200 mg 硫酸镁、400 mg PSA、400 mg C_{18} 及 200 mg GCB 的 15 mL 塑料离心管中，涡旋混匀 1 分钟。以 4 200 r/min 的频率离心 5 分钟，准确吸取 2 mL 上清液于 10 mL 试管中，40℃ 水浴中氮气吹至近干。加入 20 μL 的内标溶液、1 mL 乙酸乙酯复溶，过微孔滤膜，用于测定。

注意：上述处理中净化前的上清液吸取量可根据需要调整，净化材料（无水硫酸镁、PSA、C_{18}、GCB）用量按比例增减。

B. 固相萃取前处理

● 提取：蔬菜、水果和食用菌的提取方法是，称取 20 g 试样（精确至 0.01 g）于 100 mL 塑料离心管中，加入 40 mL 乙腈，用高速匀浆机以 15 000 r/min 的频率匀浆 2 分钟；加入 5～7 g 氯化钠剧烈振荡数次，以 4 200 r/min 的频率离心 5 分钟；准确吸取 10 mL 上清液于 100 mL 茄形瓶中，40℃ 水浴旋转蒸发至 1 mL 左右，氮气吹至近干，待净化。谷物、油料、坚果、茶叶和香辛料的提取方法是，称取 5 g 试样（精确至 0.01 g）于 100 mL 塑料离心管中，加 10 mL 水涡旋混匀，静置 30 分钟；加入 20 mL 乙腈，用高速匀浆机以 15 000 r/min 的频率匀浆 2 分钟；加入 5～7 g 氯化钠剧烈振荡数次，以 4 200 r/min 的频率离心 5 分钟；准确吸取 5 mL 上清液于 100 mL 茄形瓶中，40℃ 水浴旋转蒸发至 1 mL 左右，氮气吹至近干，待净化。

● 净化：用 5 mL 乙腈-甲苯溶液预洗固相萃取柱，弃去流出液，下接 150 mL 鸡心瓶，放入固定架上。将上述待净化试样用 3 mL 乙腈-甲苯溶液洗涤至固相萃取柱中，再用 2 mL 乙腈-甲苯溶液洗涤，并将洗涤液移入柱中，重复 2 次。在柱上加上 50 mL 储液器，用 25 mL 乙腈-甲苯溶液淋洗小柱，收集上述所有流出液于 150 mL 鸡心瓶中，40℃水浴中旋转浓缩至近干。加入 50 μL 内标溶液、2.5 mL 乙酸乙酯复溶，过微孔滤膜，用于测定。

C. GPC 前处理

称取 1 g 食用油试样（精确至 0.01 g）于 10 mL 样品瓶中，加入 GPC 流动相 7 mL 混匀，将试样溶液置于 GPC 仪上净化，上样体积为 5 mL，流速为 5 mL/min，收集 1 000～2 700 秒时间段的洗脱液。将流出液浓缩至 5 mL，准确吸取 4 mL 于 10 mL 玻璃离心管中，40℃水浴中氮气吹至近干。加入 20 μL 的内标溶液、1 mL 乙酸乙酯复溶，过微孔滤膜，用于测定。

D. 测定

● 仪器参考条件。色谱柱：14%腈丙基苯基-86%二甲基聚硅氧烷石英毛细管柱，30 m×0.25 mm×0.25 μm，或相当者。色谱柱温度：40℃保持 1 分钟，然后以 40℃/min 程序升温至 120℃，再以 5℃/min 升温至 240℃，再以 12℃/min 升温至 300℃，保持 6 分钟。载气：氦气，纯度≥99.999%，流速 1.0 mL/min。进样口温度：280℃。进样量：1 μL。进样方式：不分流进样。电子轰击源：70 eV。离子源温度：280℃。传输线温度：280℃。溶剂延迟：3 分钟。多反应监测：每种农药分别选择一对定量离子、一对定性离子，将所有需要检测离子对按照出峰顺序，分时段分别检测。每种农药的保留时间、定量离子对、定性离子对和碰撞电压，参见附录 J。

● 标准工作曲线。精确吸取一定量的混合标准溶液，逐级用乙酸乙酯释成质量浓度为 0.005 mg/L、0.01 mg/L、0.05 mg/L、0.1 mg/L 和 0.5 mg/L 的标准工作溶液。空白基质溶液氮气吹干，加入 20 μL 内标溶液，分别加入 1 mL 上述标准工作溶液复溶，过微孔滤膜配制成系列基质混合标准工作溶液，供气相色谱-质谱联用仪测定。以农药定量离子峰面积和内标物定量离子峰面积的比值为纵坐标、农药标准溶液质量浓度和内标物质量浓度的比值为横坐标，绘制标准曲线。

● 定性及定量。保留时间：被测试样中目标农药色谱峰的保留时间与相应标准色谱峰的保留时间相比较，相对误差应在±2.5%之内。定量离子、定性离子及子离子丰度比：在相同实验条件下进行样品测定时，如果检出的色谱峰的保留时间与标准样品相一致，并且在扣除背景后的样品质谱图中目标化合物的质谱定量和定性离子均出现，而且对于同一检测批次、同一化合物，样品中目标化合物的定性离子和定量离子的相对丰度比与质量浓度相当的基质标准溶液相比，其允许偏差不超过表 3-23 规定的范围，则可判断样品中存在目标农药。定量：内标法或外标法定量。

表 3-23　定性测定时相对离子丰度的最大允许偏差　　　　　　　　　　单位：%

相对离子丰度	>50	20~50（含）	10~20（含）	≤10
允许相对偏差	±20	±25	±30	±50

● 试样溶液的测定。将基质混合标准工作溶液和试样溶液依次注入气相色谱质谱联用仪中，保留时间和定性离子定性，测得定量离子峰面积，待测样液中农药的响应值应在仪器检测的定量测定线性范围之内，超过线性范围时应根据测定浓度进行适当倍数稀释后再进行分析。

● 平行试验。按上述规定对同一试样进行平行试验测定。

● 空白试验。除不加试样外，按照上述的规定进行平行操作。

结果计算与表示：试样中各农药残留量以质量分数ω计，单位为毫克每千克（mg/kg）表示，内标法按式（3-29）计算，外标法按式（3-30）计算。

$$\omega = \frac{\rho \times A \times \rho_i \times A_{si} \times V}{A_s \times \rho_{si} \times A_i \times m} \tag{3-29}$$

$$\omega = \frac{\rho \times A \times V}{A_s \times m} \tag{3-30}$$

式中：ω——试样中被测物残留量，mg/kg；

ρ——基质标准工作溶液中被测物的质量浓度，μg/mL；

A——试样溶液中被测物的色谱峰面积，mm²；

A_s——基质标准工作溶液中被测物的色谱峰，mm²；

ρ_i——试样溶液中内标物的质量浓度，μg/mL；

ρ_{si}——基质标准工作溶液中内标物的质量浓度，μg/mL；

A_{si}——基质标准工作溶液中内标物的色谱峰，mm²；

A_i——试样溶液中内标物的色谱峰，mm²；

V——试样溶液最终定容体积，mL；

m——试样溶液所代表试样的质量，g。

计算结果应扣除空白值，计算结果以重复性条件下获得的 2 次独立测定结果的算术平均值表示，保留 2 位有效数字。含量超 1 mg/kg 时，保留 3 位有效数字。

质量保证和质量控制：在重复性条件下，获得的 2 次独立测试结果的绝对差值不得超过重复性限（r），见附录 K；在再现性条件下，获得的 2 次独立测试结果的绝对差值不得超过再现性限（R），见附录 L。

其他：本标准方法的定量限为 0.01~0.05 mg/kg（见附录 M）。

②百菌清

编制依据：本方法依据《蔬菜和水果中有机磷、有机氯、拟除虫菊酯和氨基甲酸酯类农药多残留的测定》（NY/T 761—2008）"第 2 部分方法一"编制。

适用范围：本方法适用于蔬菜和水果中百菌清残留量的检测，检出限为 0.000 3 mg/kg。

方法原理：试样中上述农药用乙腈提取，提取液经过滤、浓缩后采用固相萃取柱分离、净化，淋洗液经浓缩后用双塔自动进样器同时将样品溶液注入气相色谱仪的两个进样口，农药组分经不同极性的两根毛细管柱分离、电子捕获检测器（ECD）检测。双柱保留时间定性，用外标法定量。

试剂和材料：除非另有说明，在分析中仅使用确认为分析纯的试剂和 GB/T 6682 中规定的至少二级的水。常用的试剂和材料如下：

- 乙腈；
- 丙酮，重蒸；
- 己烷，重蒸；
- 氯化钠，140℃烘烤 4 小时；
- 固相萃取柱，弗罗里矽柱（Florisil®），容积 6 mL，填充物 1 000 mg；
- 铝箔；
- 农药标准品为百菌清（chlorothalonil），纯度≥96%，溶剂正己烷；
- 农药标准溶液的配制方法是，准确称取一定量（精确至 0.1 mg）百菌清标准品，用正己烷稀释，配制成 1 000 mg/L 标准储备液，贮存在−18℃以下冰箱中；使用时根据百菌清在检测器上的响应值，准确吸取适量的标准储备液，用正己烷稀释配制成所需质量浓度的标准工作液。

仪器和设备：气相色谱仪，配有双电子捕获检测器（ECD），双塔自动进样器，双分流/不分流进样口；分析实验室常用仪器设备；食品加工器；旋涡混合器；匀浆机；氮吹仪。

分析步骤：

- 试样制备。按《新鲜水果和蔬菜　取样方法》（GB/T 8855—2008）抽取蔬菜、水果样品，取可食部分，经缩分后将其切碎，充分混匀放入食品加工器粉碎，制成待测样。放入分装容器中，于−20～−16℃条件下保存，备用。

- 提取。准确称取 25.0 g 试样放入匀浆机中，加入 50.0 mL 乙腈，在匀浆机中高速匀浆 2 分钟后用滤纸过滤，滤液收集到装有 5～7 g 氯化钠的 100 mL 具塞量筒中，收集滤液 40～50 mL，盖上塞子，剧烈振荡 1 分钟，在室温下静置 30 分钟，使乙腈相和水相分层。

- 净化。从 100 mL 具塞量筒中吸取 10.00 mL 乙腈溶液放入 150 mL 烧杯中，将烧杯放在 80℃水浴锅上加热，杯内缓缓通入氮气或空气流，蒸发近干，加入 2.0 mL 正己烷，盖上铝箔，待净化。将弗罗里矽柱依次用 5.0 mL 丙酮＋正己烷（10+90）、5.0 mL 正己烷预淋洗，条件化，当溶剂液面到达柱吸附层表面时立即倒入上述待净化溶液，用 15 mL 刻度离心管接收洗脱液，用 5 mL 丙酮+正己烷（10+90）冲洗烧杯后淋洗弗罗里矽柱，并重复一次。将盛有淋洗液的离心管置于氮吹仪上，在水浴温度 50℃条件下氮吹蒸发至小于 5 mL，用正己烷定容至 5.0 mL，在旋涡混合器上混匀，分别移入两个 2 mL 自动进样器样品瓶中，待测。

● 测定。色谱参考条件：色谱柱，预柱 1.0 m，0.25 mm 内径，脱活石英毛细管柱；分析柱采用两根色谱柱，其中 A 柱为 100%聚甲基硅氧烷（DB-1 或 HP-1）柱，30 m× 0.25 mm×0.25 μm，或相当者，B 柱为 50%聚苯基甲基硅氧烷（DB-17 或 HP-50 +）柱，30 m×0.25 mm×0.25 μm，或相当者；进样口温度为 200℃，检测器温度为 320℃，柱温为 150℃，保持 2 分钟，然后以 6℃/min 升至 270℃，保持 8 分钟；载气为氮气，纯度≥99.999%，流速为 1 mL/min，辅助气为氮气，纯度≥99.999%，流速为 60 mL/min；进样方式为分流进样，分流比为 10∶1 的样品溶液一式 2 份，由双塔自动进样器同时进样。色谱分析：由自动进样器分别吸取 1.0 μL 标准混合溶液和净化后的样品溶液注入色谱仪中，以双柱保留时间定性，以 A 柱获得的样品溶液峰面积与标准溶液峰面积比较定量。

结果计算与表示：

● 定性分析。双柱测得的样品溶液中百菌清的保留时间（RT）与标准溶液在同一色谱柱上的保留时间（RT）相比较，如果样品溶液中两组保留时间与标准溶液中两组保留时间相差都在±0.05 分钟内的可认定为该农药。

● 定量结果计算。试样中百菌清残留量以质量分数如计，单位以毫克每千克（mg/kg）表示，按式（3-31）计算：

$$\omega = \frac{V_1 \times A \times V_3}{V_2 \times A_s \times m} \times \rho \tag{3-31}$$

式中：ρ —— 标准溶液中农药的质量浓度，mg/L；

A —— 样品溶液中百菌清的峰，mm^2；

A_s —— 标准溶液中百菌清的峰，mm^2；

V_1 —— 提取溶剂总体积，mL；

V_2 —— 吸取出用于检测的提取溶液的体积，mL；

V_3 —— 样品溶液定容体积，mL；

m —— 试样的质量，g。

计算结果保留 2 位有效数字，当结果大于 1 mg/kg 时保留 3 位有效数字。

质量保证与质量控制：本方法精密度数据（表 3-24）是按照《测量方法与结果的准

确度（正确度与精密度） 第 2 部分：确定标准测量方法重复性与再现性的基本方法》
（GB/T 6379.2—2004）的规定确定的，获得重复性和再现性的值以 95%的可信度来计算。

表 3-24 百菌清精密度数据 单位：mg/kg

质量浓度	重复性限 r	再现性限 R	质量浓度	重复性限 r	再现性限 R	质量浓度	重复性限 r	再现性限 R
0.05	0.004 5	0.015 3	0.1	0.007 9	0.027 3	0.5	0.042 4	0.073 2

③苯醚甲环唑、吡虫啉、哒螨灵、稻瘟灵、丁草胺、毒死蜱、多菌灵、己唑醇、氯
虫苯甲酰胺、嘧菌酯、噻虫嗪、三环唑、三唑磷、戊唑醇、烯酰吗啉、乙草胺、莠去津

适用范围： 本方法适用于蔬菜和谷物中苯醚甲环唑、吡虫啉、哒螨灵、稻瘟灵、丁
草胺、毒死蜱、多菌灵、己唑醇、氯虫苯甲酰胺、嘧菌酯、噻虫嗪、三环唑、三唑磷、
戊唑醇、烯酰吗啉、乙草胺、莠去津残留量的测定。

方法原理： 试样用乙腈提取，提取液经分散固相萃取净化，用液相色谱-质谱联用仪
检测、外标法定量。

试剂和材料： 除非另有说明，在分析中仅使用分析纯的试剂，水为 GB/T 6682 规定
的一级水。常用的试剂和材料如下：

● 试剂包括乙腈（CH_3CN，CAS 号：75-05-8）、乙酸钠（CH_3COONa，CAS 号：
6131-90-4）、乙酸（CH_3COOH，CAS 号：55896-93-0）、硫酸镁（$MgSO_4$，CAS 号：7487-88-9）、
柠檬酸钠（$Na_3C_6H_5O_7$，CAS 号：6132-04-3）、柠檬酸氢二钠（$C_6H_6Na_2O_7$，CAS 号：
6132-05-4）。

● 乙腈-乙酸溶液（99+1）的配制方法是，量取 10 mL 乙酸加入 990 mL 乙腈中，混匀。

● 标准品为 17 种农药标准品，参见附录 I，纯度≥95%。

● 标准储备溶液（1 000 mg/L）的配制方法是，准确称取 10 mg（精确至 0.1 mg）各
农药标准品，根据标准品的溶解性和测定需要，选用甲醇或乙腈等溶剂溶解并定容至
10 mL，避光-18℃保存，有效期 1 年；混合标准溶液的配制方法是，吸取一定量的农药标
准储备溶液于 250 mL 容量瓶中，用乙腈定容至刻度，避光 0~4℃保存，有效期 1 个月。

● 材料包括微孔滤膜（有机相），13 mm×0.22 μm；乙二胺-N-丙基硅烷化硅胶（PSA），
40~60 μm；十八烷基硅烷键合硅胶（C_{18}），40~60 μm；石墨化炭黑（GCB），40~120 μm；
陶瓷均质子，2 cm（长）×1 cm（外径）。

仪器和设备： 液相色谱-三重四极杆质谱联用仪，配有电喷雾电离源（ESI）；分析天
平，感量为 0.1 mg 和 0.01 g；离心机，转速不低于 4 200 r/min；旋涡混合器。

分析步骤：

A. 样品前处理

● 蔬菜：称取 10 g 试样（精确至 0.01 g）于 50 mL 离心管中，加入 10 mL 乙腈、4 g 硫酸镁、1 g 氯化钠、1 g 柠檬酸钠、0.5 g 柠檬酸氢二钠及 1 颗陶瓷均质子，盖上离心管盖，剧烈震荡 1 分钟后以 4 200 r/min 的频率离心 5 分钟。吸取 6 mL 上清液加到内含 900 mg 硫酸镁及 150 mg PSA 的 15 mL 塑料离心管中；对于颜色较深的试样，在 15 mL 塑料离心管中加入 885 mg 硫酸镁、150 mg PSA 及 15 mg GCB，涡旋混匀 1 分钟。以 4 200 r/min 的频率离心 5 分钟，取上清液过微孔滤膜，用于液相色谱-串联质谱测定。

● 谷物：称取 5 g 试样（精确至 0.01 g）于 50 mL 离心管中，加 10 mL 水涡旋混匀，静置水化 30 分钟。加入 15 mL 乙腈-乙酸溶液、6 g 无水硫酸镁、1.5 g 醋酸钠及 1 颗陶瓷均质子，盖上离心管盖，剧烈振荡 1 分钟后以 4 200 r/min 的频率离心 5 分钟。吸取 8 mL 上清液加到内含 1 200 mg 硫酸镁、400 mg PSA 及 400 mg C_{18} 的 15 mL 塑料离心管中，涡旋混匀 1 分钟。以 4 200 r/m 的频率离心 5 分钟，取上清液过微孔滤膜，用于液相色谱-串联质谱测定。

B. 测定

● 仪器参考条件。液相条件下，色谱柱为 Waters T3 C_{18} 柱（1.8 μm，2.1×100 mm），或相当者；色谱柱温度为 40℃；流动相 A 相水含 2 mmol/L 甲酸铵和 0.01%甲酸，B 相甲醇含 2 mmol/L 甲酸铵和 0.01%甲酸；进样量为 2 μL；流速为 0.3 mL/min；流动相梯度洗脱条件见表 3-25。质谱条件下，离子喷雾电压为 4.5 kV；离子源温度为 500℃；离子源气体 1（GS1）为 50 psi，离子源气体 2（GS2）为 50 psi；碰撞气类型为氮气；扫描方式为正离子扫描；检测方式为多反应监测（MRM），每种农药分别选择一对定量离子，一对定性离子，每种农药的定量离子对、定性离子对和碰撞电压，参见附录 I。

表 3-25　流动相及梯度洗脱条件（V_A+V_B）

时间/min	流动相 V_A	流动相 V_B
0	95	5
0.5	95	5
1.2	50	50
9	30	70
11.5	2	98
13	2	98
13.1	95	5
15	95	5

● 标准工作曲线。精确吸取一定量的混合标准溶液，用空白基质溶液逐级稀释成质量浓度为 0.001 mg/L、0.005 mg/L、0.05 mg/L、0.2 mg/L、0.5 mg/L 的系列混合标准工作溶液，过微孔滤膜供液相色谱-质谱联用仪测定。以农药定量离子峰面积为纵坐标、农药标准溶液质量浓度为横坐标，绘制标准工作曲线，求出回归方程和相关系数。

● 定性及定量。保留时间：被测试样中目标农药色谱峰的保留时间与相应标准色谱峰的保留时间相比较，相对误差应在±2.5%之内。定量离子、定性离子及子离子丰度比：在相同实验条件下进行样品测定时，如果检出的色谱峰的保留时间与标准样品相一致，并且在扣除背景后的样品质谱图中目标化合物的质谱定量和定性离子均出现，而且对于同一检测批次、同一化合物，样品中目标化合物的定性离子和定量离子的相对丰度比与质量浓度相当的标准溶液相比，其允许偏差不超过表 3-26 规定的范围，则可判断样品中存在目标农药。定量：外标法定量。

表 3-26   定性时相对离子丰度的最大允许偏差   单位：%

相对离子丰度	>50	20~50（含）	10~20（含）	≤10
允许相对偏差	±20	±25	±30	±50

● 试样溶液的测定。将混合标准工作溶液和试样溶液依次注入液相色谱-质谱联用仪中，保留时间和定性离子定性，测得定量离子峰面积，待测样液中农药的响应值应在仪器检测的定量测定线性范围之内，超过线性范围时应根据测定浓度进行适当倍数稀释后再进行分析。

结果计算： 试样中各农药残留量以质量分数 ω 计，数值以毫克每千克（mg/kg）表示，按式（3-32）计算。

$$\omega = \frac{\rho \times A \times V}{A_s \times m} \tag{3-32}$$

式中：ω —— 试样中被测物残留量，mg/kg；

ρ —— 标准工作溶液中被测物的质量浓度，μg/mL；

A —— 试样溶液中被测物的色谱峰，mm²；

A_s —— 标准工作溶液中被测物的色谱峰，mm²；

V —— 试样溶液最终定容体积，mL；

m —— 试样溶液所代表试样的质量，g。

计算结果应扣除空白值，计算结果以重复性条件下获得的两次独立测定结果的算术平均值表示，保留 2 位有效数字，含量超 1 mg/kg 时保留 3 位有效数字。

3.3.6 实验室内部质控

检测机构内控小组严格按照中国计量认证（China Metrology Accreditation，CMA）要求进行实验室内部质量控制，重点对样品称量、样品消解、试剂空白、标准曲线、精密度、准确度和质量控制图等进行跟踪和核查，并要求保存所有样品称样、消解及上机的原始记录。

1．样品称量情况核查

检测人员需严格按照天平操作规范进行样品称量操作，严格按分析测试方法要求的称样量和精度准确称取样品，记录每个样品的称样量（附表 3-8）；农产品鲜样应保证完全解冻混匀后再称量，并上传能证明农产品鲜样完全解冻的照片。

2．样品消解情况核查

检测人员须严格按照分析测试方法要求进行样品前处理，保证消解设备正常运转，记录每批次样品消解时的温度及消解时间（附表 3-9），并确保样品消解完全。

试剂纯度及试验器具材质均应符合分析测试方法要求，所购买的试剂应经过验收并符合实验要求，同时保留验收记录。

3．空白试验核查

检测人员应做好空白试验，每批次样品至少做 2 个试剂空白，并填写"空白试验记录"（附表 3-10）；空白样品分析测试结果应低于方法检出限。若发现空白样品分析测试结果略高于方法检出限，但经多次重复试验比较稳定，应在计算样品分析测试结果时将空白样品分析测试平均值扣除；若明显超过正常值，则本批样品测定无效，实验室应查找原因，发现问题及时整改，并对该批次样品进行重新测定。

4．精密度检查

检测人员应做好平行双样检测，在每批次样品中至少选取 1 个样品做平行双样（此平行双样为检测室内部质控，与制样时质控中心添加的密码平行样无关），并记录平行样检测结果（附表 3-11），判定平行双样测定值的相对偏差是否在允许范围内。若该批次中包含制备平行样，则选取制备平行样作为平行双样。若平行双样检测结果不符合实验室内分析测试精密度允许范围（表 3-27、表 3-28），则本批次样品测定结果无效，应重新测定。

相对偏差（RD）计算公式如下：

$$RD = \frac{|A-B|}{A+B} \times 100\% \qquad (3-33)$$

式中：A、B —— 平行双样检测值，mg/kg。

表 3-27 重金属检测项目分析测试精密度允许范围（初次检测）

检测项目	土壤		农产品	
	含量范围/（mg/kg）	室内相对偏差/%	含量范围/（mg/kg）	室内相对偏差/%
总镉	<0.1	30	<0.1	35
	0.1～0.4	20	0.1～0.2	30
	>0.4	15	>0.2	25
总汞	<0.1	30	<0.1	35
	0.1～0.4	25	0.1～0.2	30
	>0.4	20	>0.2	25
总砷	<10	20	<0.1	35
	10～20	15	0.1～1.0	30
	>20	10	>1.0	25
总铜	<20	20	<20	20
	20～30	15	20～30	15
	>30	10	>30	15
总铅	<20	20	<0.1	35
	20～40	15	0.1～1.0	30
	>40	10	>1.0	25
总铬	<50	20	<0.1	35
	50～90	15	0.1～1.0	30
	>90	10	>1.0	25
总锌	<50	20	<50	25
	50～90	15	50～90	20
	>90	10	>90	15
总镍	<20	20	<0.1	35
	20～40	15	0.1～1.0	30
	>40	10	>1.0	25

表 3-28 农药残留检测项目分析测试精密度允许范围（初次检测）

含量范围 C/（mg/kg）	相对偏差/%
$C>1$	≤10
$0.1<C≤1$	≤15
$0.01<C≤0.1$	≤20
$0.001<C≤0.01$	≤30
$C≤0.001$	≤35

5. 准确度检查

检测人员应做好定值质控样检测，农药残留检测每批次样品至少添加 2 个平行质控样品，其他样品每批次至少添加 1 个定值质控样，并记录定值质控样检测结果（附表 3-12、附表 3-13），判定定值质控样的相对误差或加标回收率是否符合相关准确度要求。若定值质控样检测结果不符合分析测试准确度允许范围（表 3-29、表 3-30），则本批次样品测定结果无效，应重新测定。

表 3-29　重金属检测项目分析测试准确度允许范围

检测项目	土壤		农产品	
	含量范围/（mg/kg）	相对误差/%	含量范围/（mg/kg）	相对误差/%
总镉	<0.1	±30	<0.1	±35
	0.1~0.4	±20	0.1~0.2	±30
	>0.4	±15	>0.2	±25
总汞	<0.1	±30	<0.1	±35
	0.1~0.4	±25	0.1~0.2	±30
	>0.4	±20	>0.2	±25
总砷	<10	±20	<0.1	±35
	10~20	±15	0.1~1.0	±30
	>20	±10	>1.0	±25
总铜	<20	±20	<20	±20
	20~30	±15	20~30	±15
	>30	±10	>30	±15
总铅	<20	±20	<0.1	±35
	20~40	±15	0.1~1.0	±30
	>40	±10	>1.0	±25
总铬	<50	±20	<0.1	±35
	50~90	±15	0.1~1.0	±30
	>90	±10	>1.0	±25
总锌	<50	±20	<50	±25
	50~90	±15	50~90	±20
	>90	±10	>90	±15
总镍	<20	±20	<0.1	±40
	20~40	±15	0.1~1.0	±35
	>40	±10	>1.0	±30

表 3-30　农药残留检测项目分析测试准确度允许范围

添加水平 C/（mg/kg）	回收率 R/%
$C>1$	70~110
$0.1<C\leq1$	70~110
$0.01<C\leq0.1$	70~120
$0.001<C\leq0.01$	60~120
$C\leq0.001$	50~120

相对误差（δ）计算公式如下：

$$\delta = \frac{|x - \mu|}{\mu} \times 100\%$$ （3-34）

式中：δ —— 定值质控样的相对误差，%；

　　　x —— 定值质控样的检测值，mg/kg；

　　　μ —— 定值质控样的给定值的算术平均值，mg/kg。

加标回收率（R）计算公式如下：

$$R = \frac{|x_1 - x_0|}{C} \times 100\%$$ （3-35）

式中：R —— 加标回收率，%；

　　　x_1 —— 加标试样测定值，mg/kg；

　　　x_0 —— 试样测定值，mg/kg；

　　　C —— 加标量，mg/kg。

6．标准曲线核查

检测人员应按检测方法的要求使用标准溶液或标准物质建立标准曲线（附表 3-14）；相关系数严格按照检测方法要求执行。

7．质量控制图

每批次样品检测时，检测人员应更新质量控制图，以所使用的标准样品测定值的平均值 $\bar{x}$ 为中心线、以 $\bar{x} \pm 2S$（S 为标准偏差）为上下警告线、以 $\bar{x} \pm 3S$ 为上下控制线绘制质量控制图。质控样的均值若落在 $\bar{x} \pm 2S$ 之内，则该批数据可信；若落在 $\bar{x} \pm 3S$ 之内，则该批数据可被采纳。标准偏差（S）的计算公式如下：

$$S = \sqrt{\frac{\sum_{i=1}^{n}(x_i - \bar{x})^2}{n-1}}$$ （3-36）

式中：S —— 标准偏差；

　　　x_i —— 第 i 次的检测值；

　　　$\bar{x}$ —— n 次检测值的平均值。

若质控数据落在质量控制图上下控制线之外，则该批数据不可以接受，应重新测定；若质控数据连续 7 次出现在质量控制图中心线同一侧，则应停止测试，检查有无系统误差。

3.3.7　数据复核及上报

1．数据复核

每批次样品完成检测工作后，数据审核人员须将土壤样品和农产品样品的检测数据分别与《土壤环境质量　农用地土壤污染风险管控标准（试行）》（GB 15618—2018）风险筛选值、《食品安全国家标准　食品中污染物限量》（GB 2762—2017）限量值和《食品安全国家标准　食品中农药最大残留限量》（GB 2763—2021）限量值进行对比，原则上当土壤检测数据介于风险筛选值的 1～1.1 倍或大于风险筛选值的 5 倍时，超标样品全部复测；当介于二者之间时，复测比例不得低于 10%。当某一批次农产品检测数据介于限量值的 1～1.1 倍或大于限量值的 2 倍时，超标样品全部复测；当介于二者之间时，复测比例不得低于 20%（原则上应为 100%），其余未复测部分需经过 5 名及以上分析检测专业领域的专家（不得为本年度承检机构专家）审核认定，并在检测系统中提交专家认定相关证明材料（该批次不再进行外部质控）。

超标样品若为土壤样品，则复测指标可选择总镉、总汞、总砷、总铅、总铬、总铜、总锌、总镍、六六六、滴滴涕；若为农产品样品，则可选择总镉、总汞、总砷、总铅、总铬，水稻样品还可选择无机砷、六六六、滴滴涕、毒死蜱、三唑磷、氯氟氰菊酯、氯虫苯甲酰胺、吡虫啉、三环唑、己唑醇、戊唑醇、多菌灵、稻瘟灵、乙草胺、丁草胺，小麦样品还可选择六六六、滴滴涕、吡虫啉、氯氟氰菊酯、氯虫苯甲酰胺、多菌灵、戊唑醇，玉米样品还可选择六六六、滴滴涕、毒死蜱、吡虫啉、三唑磷、氯氰菊酯、氯氟氰菊酯、氰戊菊酯、氯虫苯甲酰胺、多菌灵、戊唑醇、三环唑、莠去津、乙草胺、丁草胺，蔬菜样品还可选择六六六、滴滴涕、吡虫啉、噻虫嗪、氯虫苯甲酰胺、氯氰菊酯、氯氟氰菊酯、哒螨灵、多菌灵、百菌清、苯醚甲环唑、烯酰吗啉、嘧菌酯。

当第二次检测结果与第一次检测结果的超标情况一致时，应进一步判断两次测定结果是否在相对偏差允许范围（表 3-31、表 3-32）内。若在，则可认定此数据，上报结果取其平均值（水稻总砷超标还需检测无机砷，并上报无机砷检测结果）；若不在，则应安排第三次检测，取结果接近的两次检测结果的平均值上报数据。第二次检测结果与第一次检测结果的超标情况不一致时，则应再安排第三次检测。若第三次检测结果的超标情况一致，且在相对偏差允许范围内，则可认定此数据，上报结果取 3 次检测结果的平均值（若水稻总砷的 3 次检测结果均超标，则需检测无机砷，并上报无机砷检测结果）；若第三次检测结果的超标情况不一致，则应继续重复此过程，直至符合上述要求为止。

表 3-31　重金属检测项目分析测试精密度允许范围（数据复核）

检测项目	土壤		农产品	
	含量范围/（mg/kg）	相对误差/%	含量范围/（mg/kg）	相对误差/%
总砷	<10	20	<0.1	35
	10~20	15	0.1~1.0	30
	>20	10	>1.0	25
总镉	<0.1	30	<0.1	35
	0.1~0.4	20	0.1~0.2	30
	>0.4	15	>0.2	25
总铬	<50	20	<0.1	35
	50~90	15	0.1~1.0	30
	>90	10	>1.0	25
总铅	<20	20	<0.1	35
	20~40	15	0.1~1.0	30
	>40	10	>1.0	25
总汞	<0.1	30	<0.1	35
	0.1~0.4	25	0.1~0.2	30
	>0.4	20	>0.2	25
总铜	<20	20	—	—
	20~30	15	—	—
	>30	10	—	—
总锌	<50	20	—	—
	50~90	15	—	—
	>90	10	—	—
总镍	<20	20	—	—
	20~40	15	—	—
	>40	10	—	—

表 3-32　农药残留检测项目分析测试精密度允许范围（数据复核）

含量范围 C/（mg/kg）	相对偏差/%
$C>1$	≤10
$0.1<C≤1$	≤15
$0.01<C≤0.1$	≤20
$0.001<C≤0.01$	≤30
$C≤0.001$	≤35

及时提交检测结果复核记录（附表 3-15）。相对偏差计算公式如下：

$$RD = \frac{|A-B|}{A+B} \times 100\% \tag{3-37}$$

式中：A、B —— 每次的检测值，mg/kg，数值保留 2 位小数。

2．数据上报

检测人员应对所提交的检测结果按照检测方法规定的有效位数进行修约，并按数据导入格式要求进行数据认定和上报。

检测机构应严格遵循时间节点，从样品接收到完成样品检测结果上报的时间周期不得超过 15 天。

附表 3-1　农产品产地环境监测点检测指标明细

点位类型		土壤监测指标	农产品监测指标
普通循环监测点	基本理化性质	pH、有机质、阳离子交换量、机械组成	砷、镉、铬、汞、铅
	重金属	砷、镉、铬、铜、汞、镍、铅、锌	
耕地地力监测点	基本理化性质	pH、有机质、阳离子交换量、机械组成	砷、镉、铬、汞、铅
	重金属	砷、镉、铬、铜、汞、镍、铅、锌	
	耕地地力	孔隙度、容重、全氮、有效磷、速效钾、缓效钾、有效锌、有效硼、有效钼、有效铜、有效硅、有效锰、有效铁、有效硫、交换性钙、交换性镁、田间持水量	
农药监测点	基本理化性质	pH、有机质、阳离子交换量、机械组成	砷、镉、铬、汞、铅　农产品农药指标与对应产地土壤农药指标相同
	重金属	砷、镉、铬、铜、汞、镍、铅、锌	
	耕地地力	孔隙度、容重、全氮、有效磷、速效钾、缓效钾、有效锌、有效硼、有效钼、有效铜、有效硅、有效锰、有效铁、有效硫、交换性钙、交换性镁、田间持水量	
	农药	水稻产地 14 种，其中杀虫剂有六六六、滴滴涕、毒死蜱、三唑磷、氯氟氰菊酯、氯虫苯甲酰胺、吡虫啉，杀菌剂有三环唑、己唑醇、戊唑醇、多菌灵、稻瘟灵，除草剂有乙草胺、丁草胺	
		小麦产地 7 种，其中杀虫剂有六六六、滴滴涕、氯氟氰菊酯、氯虫苯甲酰胺、吡虫啉，杀菌剂有戊唑醇、多菌灵	
		玉米产地 15 种，其中杀虫剂有六六六、滴滴涕、毒死蜱、三唑磷、氯氟氰菊酯、氯虫苯甲酰胺、吡虫啉、氯氰菊酯、氰戊菊酯，杀菌剂有三环唑、戊唑醇、多菌灵，除草剂有乙草胺、丁草胺、莠去津	
		蔬菜产地 13 种，其中杀虫剂有六六六、滴滴涕、氯氟氰菊酯、氯虫苯甲酰胺、吡虫啉、氯氰菊酯、哒螨灵、噻虫嗪，杀菌剂有多菌灵、百菌清、苯醚甲环唑、烯酰吗啉、嘧菌酯	

附表 3-2　样品检测计划

检测机构					检测人员			
检测机构负责人					检测机构负责人联系方式			
检测机构责任分工					样品检测注意事项			
序号	样品编码	样品类型	点位类型	称样量	检测方法	计划检测时间	是否如期启动	推迟检测原因	拟检测时间
1		土壤	普通循环监测点	5 g	ICP-MS	2021 年 8 月 5 日	是 ☑　否□		
2		小麦	耕地地力监测点	5 g	ICP-MS	2021 年 8 月 5 日	是□　否 ☑	交接时退回样品	2021 年 8 月 25 日
3									
…									

附表 3-3　年度检测机构实际运行情况统计表

机构名称							
机构性质				机构地址			
本年度投入人员数量			人	其中高级职称人员数量			人
本年度使用仪器设备	总数		台（套）	机构资质认证	CMA	□有□无	
	制样设备		台（套）		CATL	□有□无	
	消解设备		台（套）		CNAS	□有□无	
	测试设备		台（套）		其他		
承接任务量	土壤样品		份	农产品样品			份

附表 3-4 制样场所及工具设备信息统计表

××检测机构

序号	制样室	面积/m²	通风是否良好	制样工位		全方位摄像头	制样工具		制样设备	
				数量/个	是否有隔离		名称	数量/（个/套）	名称	数量/台
1	制样室 1		☑ 是□否		☑ 是 □ 否	☑ 安装 □未安装				
2	制样室 2		□是☑ 否		□是 ☑ 否	☑ 安装 □未安装				
3	制样室 3		☑ 是□否		☑ 是 □ 否	☑ 安装 □未安装				
...										

注：①制样工具包括玛瑙/瓷研钵、搪瓷/木托盘、木碾、木槌、20 目（孔径 1 mm）尼龙样品筛、60 目（孔径 0.25 mm）尼龙样品筛。

②制样设备包括土壤研磨机（玛瑙或氧化锆）等。

③系统自动弹出上述各项，填报人员可根据实际情况自行勾选。

附表 3-5 检测方法及仪器信息统计表

序号	检测指标	方法检出限/（mg/kg）	定量限/（mg/kg）	仪器检定日期	仪器检定证书
1					
2					
3					
...					

附表 3-6 样品交接单

序号	交接时间	样包编码	样品编码范围	样品类别	是否接收	拒收理由	有问题的样品编码	拒收证据
1	20220101		～	土壤	☑是 □否			
2	20220101		～	土壤	□是 ☑否	样品包装破损		☒
3	20220101		～	水稻	□是 ☑否	农产品样品腐烂霉变或生虫		☒
…	20220101		～	玉米	□是 ☑否	样品包装破损；二维码模糊		☒

注：①交接时间为 8 位数字，日期格式为"YYYYMMDD"。

②样包编码由"区域监测中心代码-省份代码-制样机构代码-样包流水号"4 个部分组成，以短横线"-"连接，其中，区域监测中心代码为 2 位大写字母，由监测任务发布机构统一确定；省份代码为各省级行政单元的行政区划代码，由 2 位阿拉伯数字组成，以最近一次国家统计局发布的行政区划代码为准；制样机构代码为 2 位大写字母，由区域监测中心自行确定，并向质控中心备案；样包流水号为 2 位阿拉伯数字，取值范围为 01～99。

③样品类别，若为土壤样品，填写"土壤"两字即可；若为农产品样品，应明确具体的农产品类别，可选"水稻""小麦""玉米""蔬菜""水果""茶叶""其他"共计 7 项。

④是否接收，若选择"否"，则后面的"拒收理由""有问题的样品编码""拒收证据"3 项需要全部填写，不得空项。

⑤拒收理由可单选或多选，具体理由包括样品包装破损、样品编码模糊、样品存在污损、农产品样品发生腐烂霉变或生虫、样品状态不符合后续制备和检测要求、样品量过少等。拒收理由为多项时，各理由之间以分号";"分隔。

⑥样品编码由对应的采样点位编码后加 1 位样品类别代码组成，当有多个样品出现问题时，按照样品编码中流水号（第三个字段）的顺序进行排列，不需要与前面的拒收理由一一对应。

⑦若有问题的样品仅有 1 个，则上传能表明该样品或其包装状态的照片作为拒收证据；若有问题的样品不止 1 个，则逐一对有问题的样品或其包装状态进行拍照，并以样品编码作为照片的文件名，待全部有问题的样品拍照完成后打包压缩，并将压缩文件上传，压缩文件名为样包编码。

附表 3-7 样品流转码关联记录表

序号	样品类别	原编码	现编码	登记时间
1	土壤			20200101
…				
…				
…				

附表 3-8 样品称量情况记录表

序号	批次号	样品编码	样品类别	检测指标	称样量	鲜样完全解冻证明照片
1			土壤			
2			水果			
3			小麦			
...						

注：当样品类别为鲜样时，"鲜样完全解冻证明照片"一栏需上传照片。

附表 3-9 样品消解情况记录表

序号	批次号	样品类别	消解温度	消解时间	酸试剂验收记录扫描件
1		土壤			
2		水果			
3		小麦			
...					

附表 3-10 空白试验记录

序号	样品批次	样品类型	检测指标	分析方法	检出限	空白试验结果	检测人员	检测日期
1								
2								
3								
...								

附表 3-11 平行样检测记录

序号	批次号	样品类型	平行样 A 检测值	平行样 B 检测值	相对偏差	检测人员	检测日期
1							
2							
3							
...							

附表 3-12　质控样检测记录（重金属检测）

序号	批次号	样品类型	定值质控样检测值	给定值算术平均值	相对误差	检测人员	检测日期	标准物质号
1								
2								
3								
...								

附表 3-13　质控样检测记录（农药残留检测）

序号	批次号	样品类型	加标试样测定值	试样测定值	加标量	加标回收率	检测人员	检测日期
1								
2								
3								
...								

附表 3-14　标准曲线相关信息统计表

序号	标准曲线方程	R^2	使用时间	使用批次
1				
2				
3				
...				

注：①相关系数应在小数点后保留 4 位有效数字。

②使用时间为 8 位数字，格式为 "YYYYMMDD"。

③使用批次由 "区域监测中心代码-省份代码-制样机构代码-批次流水号" 4 个部分组成，以短横线 "-" 连接，其中，区域监测中心代码为 2 位大写字母，由监测任务发布机构统一确定；省份代码为各省级行政单元的行政区划代码，由 2 位阿拉伯数字组成，以最近一次国家统计局发布的行政区划代码为准；制样机构代码为 2 位大写字母，由区域监测中心自行确定，并向质控中心备案；批次流水号为 2 位阿拉伯数字，取值范围为 01～99。

附表3-15　复核数据记录表

序号	复核样品编码	样品类型	检测指标	第一次检测值/(mg/kg)	第二次检测值/(mg/kg)	第三次检测值/(mg/kg)	最终取值/(mg/kg)
1	×××××-××-×××-×	土壤	总镉	0.21	0.24		0.23
2							
3							
...							

注：样品类型，若为土壤样品，填写"土壤"二字即可；若为农产品样品，应明确具体的农产品类别，可选"水稻""小麦""玉米""蔬菜""水果""茶叶""其他"共计7项。

附 录

附录 A

（规范性附录）

土壤自然含水量的测定

A.1 应用范围

本方法适用于除有机土（含有机质 200 g/kg 以上的土壤）和含大量石膏土壤以外的各类土壤含水量的测定。

A.2 方法提要

土壤样品在恒温干燥箱中以（105±2）℃烘至恒温，由土壤质量变化计算土壤含水量。

A.3 主要仪器设备

a. 天平：感量为 0.01 g。

b. 电热恒温干燥箱。

c. 铝盒。

d. 干燥器：内盛变色硅胶或无水氯化钙。

A.4 分析步骤

取空铝盒编号后放入 105℃恒温干燥箱中烘干 2 小时，移入干燥器冷却 20 分钟，于天平称量，精确至 0.01 g（m_0）。取待测试样约 10 g 平铺于铝盒中，称量，精确至 0.01 g（m_1）。将盒盖倾斜放在铝盒上，置于已预热至（105±2）℃的恒温干燥箱中烘 6～8 小时（一般样品烘干 6 小时，含水较多、质地黏重样品需烘 8 小时），取出，将盒盖盖严，移入干燥器中冷却 20～30 分钟称量，精确至 0.01 g（m_2）。每个样品应进行两份平行测定。

A.5　结果计算

$$水分（分析基）（g/kg）=\frac{m_1-m_2}{m_1-m_0}\times 1\,000$$

$$水分（干基）（g/kg）=\frac{m_1-m_2}{m_2-m_0}\times 1\,000$$

式中：m_0 —— 烘干空铝盒质量，g；

　　　m_1 —— 烘干前铝盒加试样质量，g；

　　　m_2 —— 烘干后铝盒加试样质量，g。

平行测定结果以算术平均值表示，保留整数。

A.6　质量保证和质量控制

平行测定结果允许绝对相差：水分含量＜50 g/kg，允许绝对相差≤2 g/kg；水分含量50～150 g/kg，允许绝对相差≤3 g/kg；水分含量＞150 g/kg，允许绝对相差≤7 g/kg。

A.7　注意事项

a. 干燥器内的干燥剂无水氯化钙或变色硅胶要经常更换或处理。

b. 严格控制温度条件，温度过高时，土壤有机质易碳化逸失。

c. 按分析步骤的条件，一般试样烘 6 小时可烘至恒量。

d. 称量的精确度应根据要求而定，如果测定要求达到 3 位有效数字，称量应精确到0.001 g。

附录 B 方法精密度汇总

名称	样品编号	平均值/（mg/kg）	实验室内相对标准偏差/%	实验室间相对标准偏差/%	重复性限 r/（mg/kg）	再现性限 R/（mg/kg）
铜	标准样品 1	1.18	0.91～2.7	3.7	0.072	0.138
	标准样品 2	1.84	0.47～5.8	6.5	0.138	0.360
	标准样品 3	0.238	2.1～11	9.5	0.050	0.078
	实际样品 1	1.24	0.42～2.4	6.3	0.093	0.234
	实际样品 2	0.283	0.67～6.0	10	0.028	0.083
铁	标准样品 1	53.3	0.45～5.1	7.4	3.50	11.4
	标准样品 2	38.8	0.36～2.8	7.3	1.64	8.05
	标准样品 3	22.5	0.28～5.7	15	1.73	9.38
	实际样品 1	26.9	0.52～2.4	6.8	0.99	5.22
	实际样品 2	79.6	0.67～3.2	3.0	4.39	7.73
锰	标准样品 1	16.7	0.36～4.8	6.9	1.17	3.39
	标准样品 2	22.3	0.57～2.9	5.7	1.01	3.70
	标准样品 3	5.71	0.43～8.0	9.4	0.62	1.60
	实际样品 1	16.9	0.48～5.3	14	1.61	6.76
	实际样品 2	7.92	0.52～2.3	1.8	0.31	0.48
锌	标准样品 1	1.04	1.7～4.6	3.0	0.09	0.12
	标准样品 2	2.24	0.24～6.0	6.3	0.17	0.43
	标准样品 3	0.54	0.51～5.8	8.6	0.05	0.14
	实际样品 1	1.14	0.72～5.7	13	0.11	0.42
	实际样品 2	0.67	1.0～3.7	12	0.05	0.22

附录 C　方法准确度汇总

名称	样品编号	认定值和不确定度/（mg/kg）	测定平均值/（mg/kg）	相对误差范围/%	相对误差最终值/%	加标回收率范围/%	加标回收率最终值/%
铜	标准样品1	1.17±0.07	1.18	−3.4～7.7	0.93±7.5	—	—
	标准样品2	1.85±0.17	1.84	−9.2～9.2	−0.33±13	—	—
	标准样品3	0.24±0.04	0.238	−15～13	−0.70±19	—	—
	实际样品1	—	1.24	—	—	86.7～113	99.7±21.0
	实际样品2	—	0.283	—	—	85.9～97.9	92.1±8.8
铁	标准样品1	55±7	53.3	−12～6.6	−3.1±14	—	—
	标准样品2	38±5	38.8	−9.7～13	2.1±15	—	—
	标准样品3	23±5	22.5	−18～16	−2.0±29	—	—
	实际样品1	—	26.9	—	—	90.8～114	102±18.0
	实际样品2	—	79.6	—	—	93.9～106	99.9±10.2
锰	标准样品1	17.3±2.5	16.7	−11～4.1	−3.4±13	—	—
	标准样品2	23±3	22.3	−12～1.7	−2.9±11	—	—
	标准样品3	5.7±0.7	5.71	−12～13	0.12±19	—	—
	实际样品1	—	16.9	—	—	90.0～139	106±35.4
	实际样品2	—	7.92	—	—	89.9～105	95.8±10.2
锌	标准样品1	1.08±0.09	1.04	−6.5～0.93	−3.6±5.6	—	—
	标准样品2	2.4±0.3	2.24	−14～3.3	−6.5±12	—	—
	标准样品3	0.53±0.08	0.54	−14～8.3	1.7±18	—	—
	实际样品1	—	1.14	—	—	81.2～112	93.8±21.4
	实际样品2	—	0.67	—	—	83.2～102	94.0±12.8

附录 D　仪器参数

雾化器	Babinton 雾化器	雾化室	石英双通道
炬管	石英一体化，2.5 mm	雾化室温度	2℃
取样锥/截取锥	1.0/0.4 mm（Pt）锥	载气流量	1.1 L/min
高频发射功率	1 350 W	冷却气流量	15.0 L/min
采样深度	10.8 mm	辅助气流量	0.0 L/min
样品提升量	0.4 mL/min	样品提升时间	60 秒
稳定时间	30 秒	样品采集速率	0.1 r/s

附录 E　仪器调谐测量参数

	^{7}Li	^{89}Y	^{205}Tl
轴偏移（amu）	7.00±0.10	89.00±0.10	205.00±0.10
分辨率（W-10%）	0.55～0.85	0.55～0.85	0.55～0.85
精度（RSD）	<10%	<10%	<10%
背景（cps）	<10	<10	<10
氧化物比值	^{156}Ce$^+$O/^{140}Ce$^+$：<1%		
双电荷比值	^{70}Ce^{++}/^{140}Ce$^+$：<3%		

注：1. 可用 Be、In、Bi 代替 Li、Y、Tl，技术指标不变。
　　2. 氧化物比值也可用 ^{154}BaO$^+$/^{138}Ba$^+$，技术指标不变。

附录 F　元素与内标的选择

元素	所选元素质量数 m/z	内标及其质量数 m/z	干扰校正方式
Cu	63	Sc（45）	内标
Zn	66	Sc（45）	内标
Pb	208	Bi（209）	铅信号的校正公式＝m/z 208 信号＋m/z 206 信号 ＋ m/z 207 信号；内标
Cd	114	In（115）	镉信号的校正公式＝m/z 114 信号－0.027×（m/z 118 信号）－1.63×（m/z 108 信号）；内标
Ni	60	Sc（45）	内标
Cr	无 HCl 时 53 有 HCl 时 52	Sc（45）	内标
As	75	Ge（72）	砷信号的校正公式＝m/z 75 信号－［3.13×（m/z 77 信号）－2.73×（m/z 82 信号）］；内标

附录 G
（资料性附录）
α-六六六等 12 种化合物的 GC/MSMS 参数条件

化合物	扫描方式	母离子（m/z）	子离子 1（m/z）	碰撞能量/eV	子离子 2（m/z）	碰撞能量/eV
α-六六六	EI	218.90	182.90	8	144.90	20
β-六六六	EI	218.90	182.90	8	144.90	20
δ-六六六	EI	218.90	182.90	8	144.90	20
γ-六六六	EI	218.90	182.90	8	144.90	20
o,p'-DDT	EI	235.00	165.00	24	199.00	16
p,p'-DDD	EI	235.00	165.00	24	199.00	14
p,p'-DDE	EI	246.00	176.00	30	211.00	22
p,p'-DDT	EI	235.00	165.00	24	199.00	16
百菌清	EI	265.90	230.80	14	168.00	22
氯氟氰菊酯	EI	197.00	161.00	8	141.00	12
氯氰菊酯	EI	163.10	127.10	6	91.00	14
氰戊菊酯	EI	419.10	225.10	6	167.10	12

附录 H

（资料性附录）

苯醚甲环唑等 17 种化合物的 LC/MSMS 参数条件

化合物	扫描方式	母离子（m/z）	子离子 1（m/z）	碰撞能量/eV	子离子 2（m/z）	碰撞能量/eV
苯醚甲环唑	ESI（+）	406.10	251.00	26	337.10	17
吡虫啉	ESI（+）	256.10	209.10	14	175.10	16
哒螨灵	ESI（+）	365.10	147.10	25	309.10	13
稻瘟灵	ESI（+）	291.10	189.00	22	231.10	12
丁草胺	ESI（+）	312.20	238.10	12	147.20	36
毒死蜱	ESI（+）	351.90	200.10	15	97.20	25
多菌灵	ESI（+）	192.10	160.10	17	132.10	28
己唑醇	ESI（+）	313.90	70.00	22	158.95	35
氯虫苯甲酰胺	ESI（+）	483.90	452.90	17	285.90	16
嘧菌酯	ESI（+）	404.10	372.10	15	329.00	31
噻虫嗪	ESI（+）	292.00	211.10	13	181.00	22
三环唑	ESI（+）	190.00	136.00	29	163.10	21
三唑磷	ESI（+）	314.00	119.20	32	162.10	18
戊唑醇	ESI（+）	308.00	70.00	22	125.00	39
烯酰吗啉	ESI（+）	388.10	301.00	21	165.10	31
乙草胺	ESI（+）	270.10	148.20	19	133.10	33
莠去津	ESI（+）	216.10	174.00	19	104.00	28

附录 I

（资料性附录）

苯醚甲环唑等 17 种农药的 LC/MSMS 参数条件

化合物	扫描方式	母离子（m/z）	去簇电压/V	子离子 1（m/z）	碰撞能量/eV	子离子 2（m/z）	碰撞能量/eV
苯醚甲环唑	ESI（+）	406.1	105	251	35	337	24
吡虫啉	ESI（+）	256.1	45	175	27	209	22
哒螨灵	ESI（+）	365.1	77	309	17	147	34
稻瘟灵	ESI（+）	291.1	35	231	16	189	30
丁草胺	ESI（+）	312.1	20	238	15	162	32
毒死蜱	ESI（+）	350.1	75	198	28	97	45
多菌灵	ESI（+）	266.0	30	234	28	192	38
己唑醇	ESI（+）	314.1	80	70	45	159	40
氯虫苯甲酰胺	ESI（+）	483.9	45	452.9	25	285.9	19
嘧菌酯	ESI（+）	404.1	80	372	20	344	34
噻虫嗪	ESI（+）	292.0	30	211	16	181	30
三环唑	ESI（+）	190.0	70	163	32	136	38
三唑磷	ESI（+）	314.0	80	162	24	119	50
戊唑醇	ESI（+）	308.0	95	70	49	125	47
烯酰吗啉	ESI（+）	388.1	105	301	29	165	43
乙草胺	ESI（+）	270.1	20	224	15	148	22
莠去津	ESI（+）	216.1	85	174	23	104	39

附录 J 各种农药及其代谢物和内标化合物的保留时间、定量离子对、定性离子对

序号	中文名称	英文名称	保留时间/分钟	定量离子对	碰撞电压/V	定性离子对	碰撞电压/V
内标	环氧七氯 B	heptachlor-epoxide B	23.85	352.8～262.9	15	354.8～264.9	15
1	α-六六六	alpha-BHC	17.65	218.9～183.0	5	216.9～181.0	5
	β-六六六	beta-BHC	22.27	181.0～145.0	15	216.9～181.0	15
	δ-六六六	delta-BHC	23.17	217.0～181.0	5	181.0～145.1	15
	γ-六六六	gamma-BHC	19.31	181.0～145.0	15	216.9～181.0	5
2	2,4'-滴滴滴	o,p'-DDD	26.84	235.0～165.2	20	237.0～165.2	20
	2,4'-滴滴涕	o,p'-DDT	27.38	235.0～165.2	20	237.0～165.2	20
	4,4'-滴滴滴	p,p'-DDD	28.47	234.9～165.1	20	236.9～165.2	20
	4,4'-滴滴伊	p,p'-DDE	25.77	246.1～176.2	30	315.8～246.0	15
	2,4'-滴滴伊	o,p'-DDE	24.50	246.0～176.2	30	248.0～176.2	30
	4,4'-滴滴涕	p,p'-DDT	28.94	235.0～165.2	20	237.0～165.2	20
3	毒死蜱	chlorpyrifos	22.44	196.9～169.0	15	198.9～171.0	15
4	三唑磷	triazophos	29.81	161.2～134.2	5	161.2～106.1	10
5	氯氟氰菊酯-1	cyfluthrin-1	31.70	197.0～141.0	10	197.0～161.0	5
	氯氟氰菊酯-2	cyfluthrin-2	31.97	197.0～141.0	10	197.0～161.0	5
6	己唑醇	hexaconazole	26.98	231.0～175.0	10	256.0～82.1	10
7	戊唑醇	tebuconazole	30.73	250.0～125.0	20	250.0～153.0	10
8	乙草胺	acetochlor	21.33	222.9～132.2	20	222.9～147.2	5
9	丁草胺	butachlor	25.61	188.1～160.2	10	236.9～160.2	5
10	稻瘟灵	isoprothiolane	27.61	162.1～85.0	20	162.1～134.0	5
11	氯氰菊酯-1	cypermethrin-1	33.85	163.0～91.0	10	163.0～127.0	5
	氯氰菊酯-2	cypermethrin-2	34.13	163.0～91.0	10	163.0～127.0	5
	氯氰菊酯-3	cypermethrin-3	34.19	163.0～91.0	10	163.0～127.0	5
	氯氰菊酯-4	cypermethrin-4	34.32	163.0～91.0	10	163.0～127.0	5
12	氰戊菊酯-1	fenvalerate-1	35.32	167.0～125.1	5	224.9～119.0	15
	氰戊菊酯-2	fenvalerate-2	35.76	167.0～125.1	5	224.9～119.0	15
13	莠去津	atrazine	19.64	214.9～58.1	10	214.9～200.2	5
14	哒螨灵	pyridaben	32.59	147.2～117.1	20	147.2～132.2	10
15	苯醚甲环唑-1	difenoconazole-1	36.56	322.8～264.8	15	264.9～202.0	20
	苯醚甲环唑-2	difenoconazole-2	36.64	322.8～264.8	15	264.9～202.0	20

附录 K　重复性限（r）

序号	农药中文称	农药英文名	重复性限（r）					
			a/（mg/kg）	b/（mg/kg）	c/（mg/kg）	d/（mg/kg）	0.1（mg/kg）	0.5（mg/kg）
1	α-六六六	alpha-BHC	0.002 8	0.002 6	0.003	0.001 2	0.026	0.12
	β-六六六	beta-BHC	0.003 1	0.004 3	0.003	0.000 9	0.022	0.14
	δ-六六六	delta-BHC	0.003 9	0.003 4	0.006	0.001 5	0.033	0.14
	γ-六六六	gamma-BHC	0.003 0	0.001 7	0.015	0.001 7	0.030	0.12
2	2,4'-滴滴滴	o,p'-DDD	0.002 9	0.002 6	0.003	0.001 1	0.026	0.10
	2,4'-滴滴涕	o,p'-DDT	0.004 2	0.001 6	0.007	0.000 5	0.034	0.15
	4,4'-滴滴滴	p,p'-DDD	0.003 7	0.002 2	0.005	0.001 4	0.040	0.14
	4,4'-滴滴伊	p,p'-DDE	0.002 7	0.003 0	0.002	0.001 2	0.027	0.12
	2,4'-滴滴伊	o,p'-DDE	0.008 0	0.002 6	0.002	0.001 3	0.027	0.16
	4,4'-滴滴涕	p,p'-DDT	0.012 1	0.002 2	0.003	0.000 9	0.031	0.15
3	毒死蜱	chlorpyrifos	0.002 9	0.004 1	0.012	0.002 0	0.029	0.12
4	三唑磷	triazophos	0.003 5	0.004 9	0.015	0.002 9	0.034	0.12
5	氯氟氰菊酯	cyfluthrin	0.003 8	0.005 3	0.010	0.002 5	0.031	0.13
6	己唑醇	hexaconazole	0.004 0	0.006 9	0.016	0.005 4	0.036	0.13
7	戊唑醇	tebuconazole	0.003 1	0.005 7	0.013	0.002 8	0.031	0.12
8	乙草胺	acetochlor	0.003 8	0.002 4	0.025	0.002 9	0.034	0.16
9	丁草胺	butachlor	0.014 9	0.004 4	0.014	0.002 2	0.030	0.13
10	稻瘟灵	isoprothiolane	0.003 0	0.004 7	0.020	0.002 9	0.027	0.12
11	氯氰菊酯	cypermethrin	0.004 4	0.004 2	0.017	0.003 7	0.05	0.13
12	氰戊菊酯	fenvalerate	0.004 1	0.005 6	0.005	0.002 2	0.035	0.17
13	莠去津	atrazine	0.003 1	0.005 3	0.014	0.003 5	0.029	0.15
14	哒螨灵	pyridaben	0.003 9	0.005 0	0.014	0.003	0.039	0.20
15	苯醚甲环唑	difenoconazole	0.003 1	0.005	0.011	0.003 6	0.030	0.15

附录 L 再现性限（R）

序号	农药中文称	农药英文名	再现性限（R）					
			a/ (mg/kg)	b/ (mg/kg)	c/ (mg/kg)	d/ (mg/kg)	0.1 (mg/kg)	0.5 (mg/kg)
1	α-六六六	alpha-BHC	0.004 8	0.003 8	0.006	0.003 9	0.048	0.27
	β-六六六	beta-BHC	0.006 2	0.006 3	0.005	0.001 5	0.044	0.24
2	2,4′-滴滴滴	o,p′-DDD	0.005 5	0.005 7	0.006	0.003 9	0.050	0.26
	4,4′-滴滴伊	p,p′-DDE	0.008 2	0.006 1	0.007	0.006 2	0.088	0.32
	2,4′-滴滴伊	o,p′-DDE	0.009 2	0.004 4	0.006	0.004 5	0.047	0.27
	4,4′-滴滴涕	p,p′-DDT	0.005	0.004 4	0.005	0.004 1	0.059	0.32
3	毒死蜱	chlorpyrifos	0.006 9	0.009 1	0.018	0.004 0	0.045	0.34
4	三唑磷	triazophos	0.005 3	0.011 5	0.024	0.006 6	0.043	0.28
5	氯氟氰菊酯	cyhalothrin	0.006 9	0.010 7	0.022	0.006 7	0.052	0.32
6	己唑醇	hexaconazole	0.006 6	0.007 6	0.028	0.009 8	0.063	0.27
7	戊唑醇	tebuconazole	0.004 4	0.009 2	0.019	0.005 9	0.044	0.35
8	丁草胺	butachlor	0.031 9	0.006 1	0.023	0.006 0	0.042	0.27
9	稻瘟灵	isoprothiolane	0.004 4	0.008 6	0.028	0.005 1	0.036	0.27
10	莠去津	atrazine	0.005 0	0.007 8	0.022	0.004 9	0.056	0.28
11	苯醚甲环唑	difenoconazole	0.006 5	0.011 6	0.020	0.007 3	0.056	0.30

附录 M 各种农药及其代谢物中英文名称、方法定量限

序号	农药中文名	农药英文名	定量限/（mg/kg）			
			蔬菜水果食用菌	谷物油料	茶叶香辛料	植物油
1	α-六六六	alpha-BHC	0.01	0.01	0.01	0.01
	β-六六六	beta-BHC	0.01	0.01	0.01	0.01
	δ-六六六	delta-BHC	0.01	0.01	0.01	0.01
	γ-六六六	gamma-BHC	0.01	0.01	0.05	0.02
2	2,4'-滴滴滴	o,p'-DDD	0.01	0.01	0.01	0.01
	2,4'-滴滴涕	o,p'-DDT	0.01	0.01	0.01	0.01
	4,4'-滴滴滴	p,p'-DDD	0.01	0.01	0.01	0.01
	4,4'-滴滴伊	p,p'-DDE	0.01	0.01	0.01	0.01
	2,4'-滴滴伊	o,p'-DDE	0.01	0.01	0.01	0.01
	4,4'-滴滴涕	p,p'-DDT	0.01	0.01	0.01	0.01
3	毒死蜱	chlorpyrifos	0.01	0.02	0.05	0.02
4	三唑磷	triazophos	0.01	0.02	0.05	0.02
5	氯氟氰菊酯	cyhalothrin	0.01	0.02	0.05	0.02
6	己唑醇	hexaconazole	0.01	0.02	0.05	0.02
7	戊唑醇	tebuconazole	0.01	0.02	0.05	0.02
8	乙草胺	acetochlor	0.01	0.02	0.05	0.02
9	丁草胺	butachlor	0.01	0.02	0.05	0.02
10	稻瘟灵	isoprothiolane	0.01	0.02	0.05	0.02
11	氯氰菊酯	cypermethrin	0.01	0.02	0.05	0.02
12	氰戊菊酯	fenvalerate	0.01	0.02	0.01	0.02
13	莠去津	atrazine	0.01	0.02	0.05	0.02
14	哒螨灵	pyridaben	0.01	0.02	0.05	0.02
15	苯醚甲环唑	difenoconazole	0.01	0.02	0.05	0.02